最初からそう教えてくれればいいのに!

図解!TypeScriptの

ツボとコツが ゼッタイに わかる本
「プログラミング実践編」

中田 亨 著

秀和システム

はじめに

　この本は、TypeScriptで実際に動くアプリケーションの開発を体験できる実践書です。JavaScriptの基本的な構文について読み書きができて、TypeScriptに少し触れたことがある読者を想定しています。

本書で解説していること
・JavaScriptのオブジェクト、クラス、モジュールの扱いなど
・TypeScriptのインターフェース、ジェネリクス、ユーティリティ型など

本書で解説していないこと
・JavaScriptの基本（変数／データ型／関数／制御構文／配列操作など）
・TypeScriptの基本（型注釈の書き方）

必要な知識
・HTML/CSS/JavaScriptの役割の違い
・JavaScriptの基本的な構文知識
　JavaScriptとTypeScriptの基本に不安を感じる方は、本書のシリーズ本である「図解！ JavaScriptのツボとコツがゼッタイにわかる本"超"入門編／プログラミング実践編」「図解！ TypeScriptのツボとコツがゼッタイにわかる本"超"入門編」で学んでいただくと、必要な前提知識が身につきます。

どんな人におすすめ？
・TypeScriptを使ってアプリケーションを作れるようになりたい方
・独学でつまずいてしまった方
・自分のペースで楽しく学びたい方

本書の構成

全章を通じてわかりやすい図解を取り入れています。

前半は文法を学んでいきます。

Chapter01…開発環境の準備

Chapter02…オブジェクト

Chapter03…クラス

Chapter04…モジュール

Chapter05…その他の機能

後半はブラウザで動くアプリケーションを開発します。

Chapter06…放置型シューティングゲーム（設計）

Chapter07…放置型シューティングゲーム（クラスの実装）

Chapter08…放置型シューティングゲーム（メインプログラム）

本書の環境

本書で解説するプログラムは以下の環境で動作を確認しています。

・Windows11 / Chrome 115.0.5790.102

・XAMPP for Windows 8.0.28

・Node.js 18.16.0

・TypeScript 5.1.16

本書によってTypeScriptの魅力とプログラミングの楽しさが少しでも伝わり、学習のお役に立てれば幸いです。

中田　亨

本書の使い方

　本書は、解説に沿ってプログラムを編集・実行する体験型の学習書です。ブラウザで動くシューティングゲームの開発がゴールです。まず最初に、Chapter01 でVS Code とローカルサーバー（Chapter04 以降のプログラムを実行するために必要）の設定を行ってください。次に、Chapter02 ～ 05 で開発に必要な文法知識を身につけるため、ローカルサーバーの Web 公開ディレクトリ（htdocs）内に ts ファイル（例：sample.ts）を作成して、解説に沿って VS Code でプログラムを編集・実行してください。そして、Chapter06 でゲームの設計、Chapter07 ～ 08 でプログラムの作成を行います。

本書のサポートページ

　次の本書のサポートページへアクセスして、完成版のプログラムをダウンロードしてください。

【URL】https://www.shuwasystem.co.jp/support/7980html/6780.html

[ご注意ください]
本書には同じシリーズで「超入門編」という本がありますが、「プログラミング実践編」のサポートページは上記 URL になります。

● ダウンロード可能なファイルの一覧
① game/develop　…Chapter07 ～ 08 で使用する開発用フォルダです。
② game/release　…完成版のアプリケーションが入っています。

※サンプルの取り扱いに関しては、ダウンロードデータに含まれる「はじめにお読みください .txt」を参照してください。

01 開発環境の準備

Chapter
02 オブジェクト

Chapter 03 クラス

Chapter

04 モジュール

Chapter

05 その他の機能

Chapter 06 放置型シューティングゲーム（設計）

放置型シューティングゲーム（クラスの実装）

Chapter 08　放置型シューティングゲーム(メインプログラム)

開発環境の準備

開発環境に何が必要？

TypeScriptを使うために必要な環境

　TypeScriptでウェブアプリケーションを開発するためには以下の準備が必要です。

① Node.jsのインストール
② TypeScriptのインストール
③ VS Codeのインストールと拡張機能の導入・設定
④ ローカルサーバーの設定
⑤ インターネットブラウザ

　Node.jsはJavaScriptを動かすことができる実行環境です。Node.jsをインストールすると、JavaScriptを実行するnodeコマンドや、パッケージをインストールする**npm**（Node Package Manager）コマンドが使えるようになります。TypeScriptをインストールするにはnpmコマンドを使います。

　TypeScriptをインストールすると、TypeScriptをコンパイルするtscコマンドが使えるようになります。

　また、プログラミング用のコードエディターであるVS Code（Visual Studio Code）には、コマンドを実行できるターミナルが付属していますので、編集したソースコードのコンパイルをVS Code上で行うことができます。

　インターネットブラウザ（ChromeやSafari、Edgeなど）はアプリケーションの実行に使います。

　なお、本書ではローカルサーバーにXAMPP（40ページ）を使います。

tscコマンドとnodeコマンド

ターミナルから**tscコマンド**を実行するとTypeScriptがコンパイルされてJavaScriptファイル（以下「jsファイル」と呼ぶことがあります）が生成されます。それをnodeコマンドで実行します。最もシンプルな使い方は次のとおりです。

書式

```
tsc app.ts
node app.js
```

tscコマンドには様々なオプションがありますが、tsconfig.jsonという設定ファイルを利用すると、tscと打ち込むだけで設定ファイルに基づいたコンパイルが行われます。多くのファイルを扱うアプリケーション開発で役立ちます。詳しくはChapter07で解説します。

また、Chapter07以降では、tscコマンドで生成したJavaScriptファイルをHTMLに読み込んで実行しますので、nodeコマンドを使うことはほとんどありません。

本書のウェブアプリケーション開発の流れ

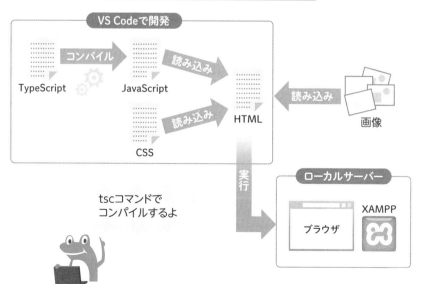

Node.js のインストール

 Node.js のインストール

公式サイトから該当するプラットフォームのインストーラーをダウンロードして、インストールを実行しましょう。

Node.js のダウンロードページ

 自分のOSにあった推奨版(LTS)を
ダウンロードしよう

● Node.js ダウンロードページ

https://nodejs.org/ja/download

　次の画面はWindows版のインストール手順です。ライセンス同意画面では「I accept the terms in the License Agreement」にチェックをつけて、「Next」をクリックします。

初期画面とライセンス同意画面

　インストール先とインストール内容の選択画面では、デフォルトのまま変更せずに「Next」をクリックして次へ進みます。

インストール先とインストール内容の選択画面

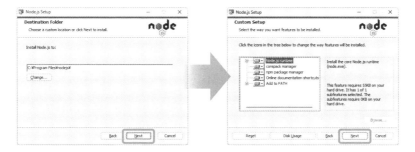

　インストールの開始画面で「Install」をクリックするとインストールが始まります。

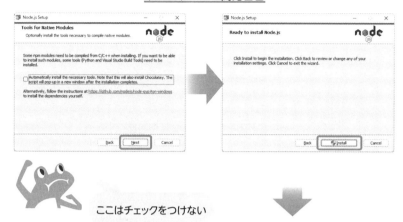

ここはチェックをつけない

インストールが終わる
まで待とう

インストールが完了したら「finish」をクリックしてインストーラーを終了します。

 ## Node.jsのバージョン確認とアップデート

古いバージョンのNode.jsがインストールされている場合、先ほどと同じ手順で最新版のインストーラーをダウンロードしてインストールすると、最新版にアップデートできます。

\Column/

Node.jsのバージョン確認方法

ターミナルから「node -v」コマンドを実行すると、インストールされているNode.jsのバージョンを確認できます（※ターミナルの起動方法は次のページを参照してください）。

Node.jsのバージョン確認

インストールできたか
どうか確認しておこう

「v18.16.0」のようにバージョンが表示されたらインストール成功です。

> Point!
>
> 多くのコマンドは、「node -h」のようにhオプション（Help：ヘルプの意味）をつけて実行すると、コマンドのオプション一覧と意味が表示されます。

Chapter01

ターミナルの起動方法

 ターミナルの起動

　Windowsの場合はPowerShellを、macOSの場合はターミナルを起動します。

● Windowsの場合

　[スタートボタン]を右クリックして[ターミナル（管理者）]を選択します。

Windows 11の場合

ターミナルはコマンド
を入力する画面だよ

● macOSの場合

　[アプリケーション]>[ユーティリティ]フォルダの中にある[ターミナル.app]をダブルクリックします。もしくは、Spotlight検索（画面右上の虫眼鏡マーク）で「ターミナル」または「terminal」と入力すると[ターミナル.app]が見つかります。

macOSの場合

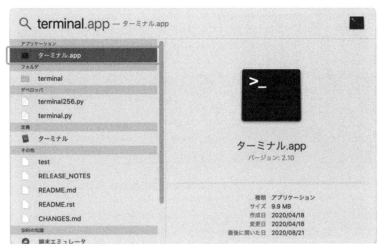

押さえておきたいコマンド

コマンド	意味
cd xxx	xxxというディレクトリに変更（例：cd develop/src）
cd ..	一階層上のディレクトリに移動する
cd ../..	二階層上のディレクトリに移動する

TypeScriptのインストール

 TypeScriptのインストール

　ターミナルから次のnpmコマンドを実行すると、最新バージョンの TypeScriptがインストールされます。

 書式

```
npm install -g typescript@latest
```

　次のコマンドを実行して、「Version 5.1.6」のようにTypeScriptのバージョンが表示されればインストール成功です。

書式

```
tsc -v　（tsc -version でもよい）
```

TypeScriptのインストール

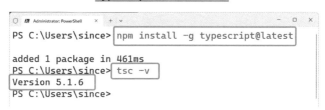

●エラーが出る場合の対処

　現在ログオンしているユーザーにスクリプトの実行権限がない場合、次のようなエラーが出ます。

スクリプトの実行権限エラー

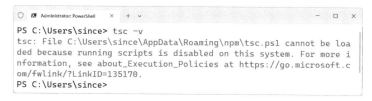

　実行ポリシーを表示するコマンド「Get-ExecutionPolicy -List」を実行してみましょう。CurrentUser や LocalMachine が Restricted になっていれば、権限が制限されている証拠です。

実行ポリシーの確認

　このような場合、実行ポリシーを設定するコマンド「Set-ExecutionPolicy RemoteSigned」を実行して、実行ポリシーを RemoteSigned に変更してください。変更できたかどうかを確認するために、もう一度「Get-ExecutionPolicy -List」を実行してください。

実行ポリシーの変更

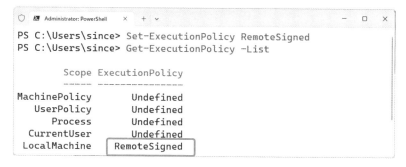

ただし、CurrentUserの実行ポリシーがRestricted（制限付き）の場合は「Set-ExecutionPolicy RemoteSigned」自体が実行できないので、「Set-ExecutionPolicy -ExecutionPolicy Undefined -Scope CurrentUser」を実行してください。LocalMachineがRemoteSignedでCurrentUserがUndefinedの状態になれば、tscコマンドが実行できるようになります。

実行ポリシーの変更

```
Administrator: PowerShell                                           -  □  ×
PS C:\Users\since> Set-ExecutionPolicy -ExecutionPolicy Undefined -Scope CurrentUser
PS C:\Users\since> Get-ExecutionPolicy -List

        Scope ExecutionPolicy
        ----- ---------------
MachinePolicy       Undefined
   UserPolicy       Undefined
      Process       Undefined
  CurrentUser       Undefined
 LocalMachine     RemoteSigned

PS C:\Users\since> tsc -v
Version 5.1.6
```

 ## TypeScriptのコンパイル

　任意のディレクトリにあるapp.tsをコンパイルするには、cdコマンド（27ページ）でapp.tsが置いてあるディレクトリへ移動してtscコマンドを実行します。

> **書式**
>
> cd C:/sample/chapter01 [Enter]
> tsc app.ts [Enter]

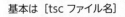
基本は［tsc ファイル名］

　コンパイルが成功すると、app.tsと同じディレクトリにapp.jsが生成されます。

● コンパイルオプション

　tscコマンドには非常に多くのコンパイルオプションがあります。

代表的なコンパイルオプション

オプション	説明
--declaration	対応する型定義ファイルを生成する
--init	プロジェクトの初期化を行い、tsconfig.json ファイルを生成する
--lib	コンパイルに含めるライブラリのファイルの一覧を指定する
--module	出力される JavaScript がどのようにモジュールを読み込むかを指定する
--noImplicitAny	暗黙的な any 型があるとエラーを発生させる
--noUnusedLocals	未使用のローカル変数があるとエラーを発生させる
--noUnusedParameters	使用されていないパラメーターがあるとエラーを発生させる
--outDir	生成したファイルの出力先を指定する
--project	tsconfig.json ファイルを含むディレクトリのパスを指定する
--target	出力する JavaScript のバージョンを指定する

　特に重要なのは--targetオプションです。tsファイルに記述するTypeScriptのソースコードではJavaScriptの比較的新しい構文を使うことができますが、tsc コマンドで生成する js ファイルのバージョン（JavaScriptのバージョン）が古いと、アプリケーションが動かない場合があります。たとえばtsファイル内でes2017以降のJavaScriptがサポートする構文を使うときは、--targetオプションでes2017以降のバージョンを指定しなければなりません。

書式

```
tsc app.ts --target es2017
```

　バージョンの部分にesnextを指定すると、最新バージョンのJavaScriptにコンパイルされます。

書式

```
tsc app.ts --target esnext
```

　なお、--targetオプションを省略した場合は古いes5のJavaScriptにコンパイルされます。

VS Codeのインストール

 Visual Studio Codeの入手とインストール

VS Codeのパッケージをダウンロードして、PCにインストールを行います。

【STEP1】Visual Studio Codeのダウンロード

公式サイト（https://code.visualstudio.com/）を開きます。

Visual Studio Codeの公式サイト

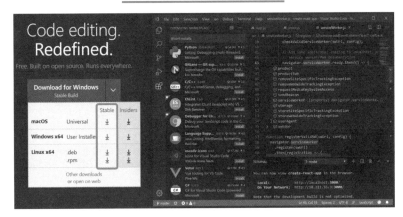

PCのOSにあったパッケージの安定版（Stable）を選択してインストーラーをダウンロードします。

【STEP2】Visual Studio Codeのインストール

ダウンロードしたインストーラーを起動すると、使用許諾の画面が表示されます。「同意する」にチェックをつけて「次へ（N）」をクリックします。

インストーラーの起動画面

追加タスクの選択画面で必要なオプションを選択したら「次へ(N)」をクリックします。

追加タスクの選択画面

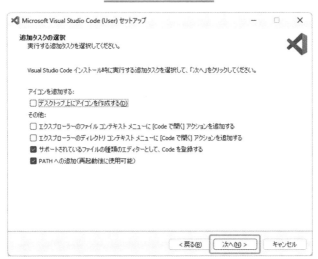

インストール準備の完了画面で「インストール(I)」をクリックするとインストールが始まります。

インストール準備の完了画面

インストールが完了したら「Visual Studio Codeを実行する」にチェックをつけて「完了(F)」をクリックします。

セットアップの完了画面

インストーラーが終了すると、VS Codeが起動します。

Visual Studio Codeの起動画面

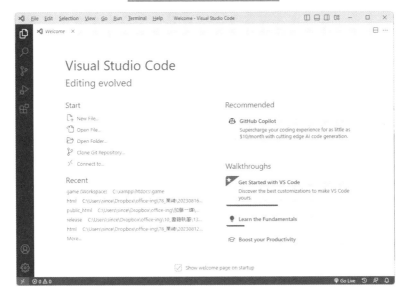

次に、VS Codeを使いやすくするために以下の拡張機能を追加していきます。

拡張機能

拡張機能	説明
Japanese Language Pack for VS Code	VS Codeの画面を日本語化する
indent-rainbow	ソースコードのインデントに色がつく
Prettier - Code formatter	ソースコードの自動整形機能が追加される
zenkaku	全角のスペースに色がついて可視化される
Code Spell Checker	ソースコードのスペルミスをチェックする
Auto Rename Tag	HTMLの終了タグを自動で補完する

 **Visual Studio Codeの日本語化**

拡張機能の追加は①サイドメニューのアイコンから行います。

日本語化パッケージのインストール

②検索ボックスに「Japanese Language Pack for Visual Studio Code」と入力すると日本語化パッケージが検索結果に表示されますので、③［Install］ボタンをクリックしてインストールします。

VS Codeを再起動すると、画面が日本語化されています。

日本語化されたVS Code

同様にして、35ページの表にあるその他の拡張機能をインストールしましょう。

「Prettier - Code formatter」の初期設定

　Prettier - Code formatterをインストールした後、「ファイル(F) > ユーザー設定 > 設定」を開きます。左側のツリーから「テキストエディター」をクリックすると右側に「Default Formatter」という項目が見つかりますので、「Prettier - Code formatter」に変更します。

既定のフォーマッターを変更

∨ テキスト エディター
　カーソル
　検索
　フォント
　書式設定

Default Formatter
他のすべてのフォーマッタ設定よりも優先される、既定のフォーマッタを定義します。フォーマッタを提供している拡張機能の識別子にする必要があります。

```
Prettier - Code formatter        ∨
```

　次に、「書式設定」の「Format On Paste」「Format On Save」「Format On Type」にチェックをつけます。

コード整形のタイミングを設定

よく使用するもの
∨ テキスト エディター
　カーソル
　検索
　フォント
　書式設定
　差分エディター
　ミニマップ
　保補
　ファイル
> ワークベンチ
> ウィンドウ
> 機能
> アプリケーション
> セキュリティ
> 拡張機能

書式設定

Format On Paste
☑ 貼り付けた内容がエディターにより自動的にフォーマットされるかどうかを制御します。フォーマッタを使用可能にする必要があります。また、フォーマッタがドキュメント内の範囲をフォーマットできなければなりません。

Format On Save
☑ ファイルを保存するときにフォーマットします。フォーマッタが有効でなければなりません。ファイルの遅延保存やエディターを閉じることは許可されていません。

Format On Save Mode
保存の形式でファイル全体をフォーマット指定するか、変更のみをフォーマットするかを制御します。Editor: Format On Save が有効な場合にのみ適用されます。

```
file        ∨
```

Format On Type
☑ エディターで入力後に自動的に行のフォーマットを行うかどうかを制御します。

　VS Codeには言語に応じた既定の書式整形機能（フォーマッター）がありますが、これをPrettierに変更し、適切なタイミングで自動的に書式整形が行われるようにする設定です。

TypeScriptのファイル作成とコンパイル

　TypeScriptのファイルを作成するには、①［ファイル（F）＞新しいテキストファイル（Ctrl+N）］を選択すると表示される②［言語の選択］をクリックして③「TypeScript」を選択します。

TypeScriptのファイル作成

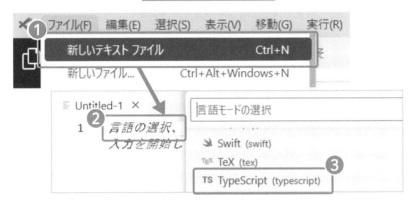

　画面上部のメニューから①［ターミナル（T）＞新しいターミナル］をクリックすると、②ターミナルのウィンドウが表示されます。

VS Codeのターミナルを起動

ここでtscコマンドを実行するよ

ワークスペースの作成と保存

「ファイル（F）＞名前を付けてワークスペースを保存…」をクリックすると、ツリービューに表示されているフォルダ（異なる場所にあるフォルダでも可）をワークスペースとして保存できます。

たとえば開発用とリリース用のプロジェクトをフォルダで分けておき、それらを１つのワークスペースとして保存しておくと、開発の続きをしたいときワークスペースを開けば、両方のフォルダがツリービューに表示されます。開発用とリリース用を切り替えるためにフォルダを開き直さなくても済むので、開発作業の効率化に役立ちます。

ワークスペースから開く

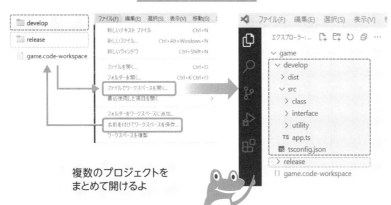

複数のプロジェクトを
まとめて開けるよ

Point! 🐊

ワークスペースとは、複数のプロジェクトやフォルダから構成される「プログラム開発の作業場所」を指します。

06

ローカルサーバーの設定

 XAMPPのインストール

XAMPP（ザンプ）は、ウェブアプリケーションの実行に必要なソフトウェア（ウェブサーバーやデータベースの機能）を一括でインストールできるアプリケーションです。

ダウンロードサイト（https://www.apachefriends.org/download.html）からPCのOSにあったものをダウンロードしてインストールしましょう。

XAMPPのダウンロードページ

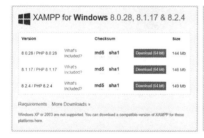

最新版を
ダウンロードしよう

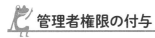

管理者権限の付与

①XAMPPをインストールした「xampp」フォルダにある「xampp-control.ini」を右クリックして「プロパティ」を開き、セキュリティのタブからPCにログオンしているユーザーを選択して編集をクリックします（Everyoneを選択すると全てのユーザーが対象になります）。最初は「読み取り」権限だけが許可されていますので、全ての権限にチェックをつけて、「OK」ボタンをクリックしてプロパティを閉じます。

「xampp-control.ini」に管理者権限を付与

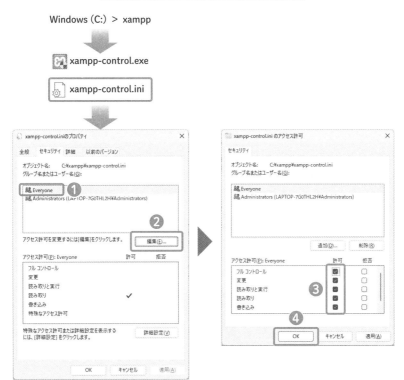

Point! 🐊

XAMPPを終了する際「xampp-control.ini」が更新されます。権限が足りていないと、更新できずにXAMPPが異常終了し、正常に起動できなくなることがあります。

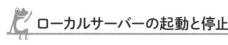

ローカルサーバーの起動と停止

XAMPPを起動するとコントロールパネルが開きます。

XAMPPのコントロールパネル

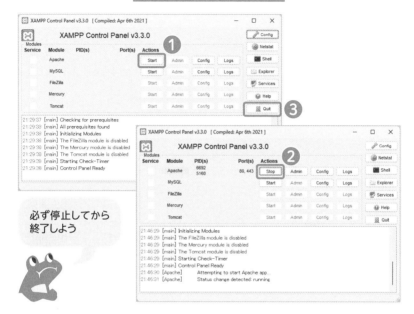

必ず停止してから
終了しよう

OSによって画面が異なりますが、①「Apache」の[start]ボタンをクリックするとサーバーが起動します。②[stop]ボタンをクリックするとサーバーが停止します。③[Quit]ボタンをクリックするとXAMPPが終了します。

必ずサーバーを停止してからXAMPPを終了してください。

完成版アプリケーションの実行

5ページを参考に、完成版のアプリケーション（ZIPファイル）をダウンロードしたら、ZIPを解凍した中にあるgameフォルダをローカルサーバーのドキュメントルート（XAMPPをインストールした場所にあるhtdocsディレクトリ）に配置しましょう。

アプリケーションの配置

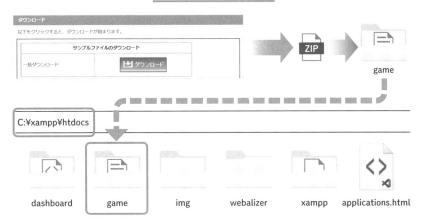

　ローカルサーバーを起動して、ブラウザでhttp://localhost/game/release/dist/にアクセスすると、アプリケーションが起動します。

アプリケーションの実行

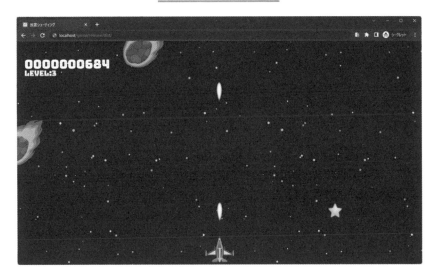

　キーボードの方向キーで動かせるので、完成版を体験してみてください。

ローカルサーバーは必要？

　コンパイルして生成したJavaScriptがモジュール（120ページ）の場合、サーバー上でなければ実行できません。セキュリティ上の理由から、ブラウザはローカルのファイルに直接アクセスすることができないからです。そのため、ローカルサーバーを設定します。

　本書で開発するウェブアプリケーションは、プログラムの役割に応じてTypeScriptのコードをファイルやフォルダに分けて作成します。この分割の単位をモジュールと呼び、コンパイルして生成されるJavaScriptもモジュールごとに分割されます。

モジュール分割

Chapter

02

↓

オブジェクト

オブジェクトとは？

「モノ」を大雑把に指し示すプログラミング用語

　オブジェクトとは、広い意味で「物体」や「対象物」を指す用語で、プログラミングの世界では操作や処理の対象となる何らかの実体を持つ「モノ」を指します。ここでいう「モノ」とは、形のある物質だけでなく概念上のモノも含みます。

　たとえば缶ジュースオブジェクトには名称 / 味 / 価格 / 材質などの属性があり、会社オブジェクトには社名 / 設立日 / 代表者などの属性があります。このように、オブジェクトが持つ属性のことを**プロパティ**と呼びます。

　また、猫オブジェクトには鳴く / 食べる / 寝る / 歩くなどの動きがあり、飛行機オブジェクトには離陸する / 飛行する / 着陸する / 補給するなどの動きがあります。このように、オブジェクトが自ら行う動作や機能のことを**メソッド**と呼びます。

　オブジェクトは、外部からの指示を受けてメソッドを実行し、プロパティを操作します。プロパティの操作は原則としてオブジェクトのメソッドによって行います。

> Point! 　**プログラミングにおけるオブジェクト**
> ・「モノ」を指し示すプログラミング用語
> ・モノが持つ属性をプロパティ、機能をメソッドと呼ぶ

オブジェクトの考え方

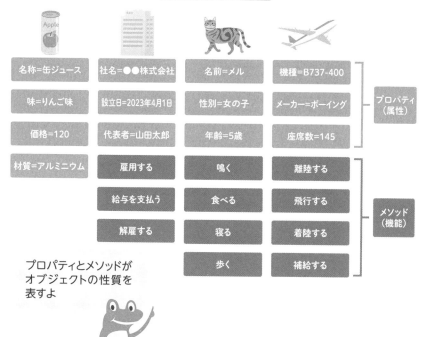

名称＝缶ジュース	社名＝●●株式会社	名前＝メル	機種＝B737-400	
味＝りんご味	設立日＝2023年4月1日	性別＝女の子	メーカー＝ボーイング	プロパティ（属性）
価格＝120	代表者＝山田太郎	年齢＝5歳	座席数＝145	
材質＝アルミニウム	雇用する	鳴く	離陸する	
	給与を支払う	食べる	飛行する	メソッド（機能）
	解雇する	寝る	着陸する	
		歩く	補給する	

プロパティとメソッドが
オブジェクトの性質を
表すよ

TypeScript（およびJavaScript）では、数値（Number）、日付（Date）、テキスト（String）といった最初から組み込まれているオブジェクトだけでなく、配列やクラス（76ページ）などプリミティブ型以外の全てがオブジェクトです。

オブジェクト指向プログラミング

プログラムで扱うモノを、互いに密接に関係するプロパティとメソッドを持ったオブジェクトとして定義し、オブジェクトを組み合わせて関連性や相互作用を記述していくことによってプログラムを組み立てるアプローチをオブジェクト指向プログラミングと呼びます。

Chapter02

オブジェクトリテラル

 オブジェクトの定義と実体

オブジェクトは、オブジェクトが持つ性質を定義した設計書を元に実体を生成することによって、はじめてプログラムで使用可能になります。

オブジェクトの実体化

多くのオブジェクト指向言語では、クラス（76ページ）を使ってオブジェクトの設計書を定義し、newを使って実体（インスタンス）を生成します。

 オブジェクトの生成

newでオブジェクトを生成する例を示します。

書式

```
const obj = new Object();
```

Objectは特別なプロパティを持たないJavaScriptのオブジェクト型です。JavaScriptでは、次のようにしてプロパティを追加してジュースオブジェクトとしての性質を備えることができます。

```
obj.name = "缶ジュース";
obj.flavor = "りんご味";
```

TypeScriptでは、定義されていないプロパティを参照することはできないので、この書き方はコンパイルエラーになります。

TypeScriptではコンパイルエラー

```
const obj = new Object();
obj.name = "缶ジュース";
```

プロパティ 'name' は型 'Object' に存在しません。 ts(2339)
any
問題の表示 (Alt+F8)　利用できるクイックフィックスはありません

クラス（76ページ）を使ってあらかじめJuiceクラスを定義しておくと、最初からプロパティを備えたオブジェクトを生成できます。

書式

```
const obj = new Juice();
```

 ## オブジェクトリテラル

TypeScriptやJavaScriptでは、{}を使うとプロパティを備えたオブジェクトの定義と生成を簡単に行うことができます。

書式

```
const obj = {
 name: "缶ジュース",
 flavor: "りんご味",
};
```

{}を使ってオブジェクトを定義する記法をオブジェクトリテラルと呼びます。objはすでにプロパティを備えているので、次のようにプロパティの値を変更することができます。

```
obj.flavor = "オレンジ味";
```

オブジェクトのコピー

オブジェクトobjをobj2に代入すると、objとobj2がメモリ上の同じアド
レスを指すので、次のコードを実行するとobjもメロン味になってしまいま
す。

```
const obj = {
 name: "缶ジュース",
 flavor: "りんご味",
};
const obj2 = obj; // プロパティが共有される
obj2.flavor = "メロン味";

console.log(obj.flavor); // -> メロン味
```

これを防ぐためには、Objectのassignメソッドを使って、空のオブジェク
ト{}にobjのプロパティをコピーした新しいオブジェクトを作成してobj2に
代入する方法があります。

```
const obj2 = Object.assign({}, obj);
obj2.flavor = "メロン味";

console.log(obj.flavor); // -> りんご味
```

JavaScriptのスプレッド演算子でも似たことが行えます。

```
const obj2 = { ...obj };
```

オブジェクトのメソッド

 メソッドの定義と実行

メソッドの定義は次のように記述します。

書式

```
const obj = {
 hello: function () {
   console.log("Hello");
 },
};
```

コロンと function を省略した短縮表記を使うこともできます。

書式

```
const obj = {
 hello() {
   console.log("Hello");
 },
};
```

もしくは、アロー関数を使って次のように記述します。

書式

```
const obj = {
 hello: () => {
   console.log("Hello");
 },
};
```

メソッドを呼び出して実行するには次のように記述します。

```
obj.hello();  // -> Hello
```

functionとアロー関数の違い

functionまたはfunctionを省略したhello()の{}内でthisを記述した場合、thisはオブジェクトのスコープに入るので、objを指します。

次の例は、obj.hello()を実行するとobj（helloという関数を持つオブジェクト）が出力される様子を表しています。

```
const obj = {
 hello() {
  console.log(this); // -> {hello: f}
 },
};
```

一方、アロー関数は新たなスコープを生成しないので、関数内でthisを参照するとグローバルスコープのWindowオブジェクトを指します。

```
const obj = {
 hello: () => {
  console.log(this); // -> Window{...}
 },
};
```

オブジェクトの型注釈

 型注釈の書き方

オブジェクトの型注釈は次のように記述します。プリミティブ型の型注釈との違いは、プロパティごとに型情報を記述するために型注釈の部分を{}で囲む点です。

書式

```
const obj: {
  name: string;
  flavor: string;
} = {
  name: "缶ジュース",
  flavor: "りんご味",
};
```

もう少し一般的に記述すると、次のような形をしています。

書式

```
const obj: {プロパティごとの型注釈} = オブジェクトリテラル;
```

次のコードはプリミティブ型の型注釈です。型注釈（string）の部分にプロパティごとの型注釈を{}で囲ったものが入り、値（"りんご味"）の部分にオブジェクトリテラルが入った形をしています。

```
const flavor: string = "りんご味";
```

型注釈の分離

　型エイリアスを使うと、オブジェクトの生成と型情報の定義を分離することができます。

```
// 型情報の定義
type Juice = {
  name: string;
  flavor: string;
};
・・・
// オブジェクトの生成
const obj: Juice = {
  name: "缶ジュース",
  flavor: "りんご味",
};
```

　オブジェクト変数の宣言と初期化を分けて記述する方法もありますが、この方法は変数を const で宣言できないため、誤って obj を書き換えてしまわないようにプログラマーが注意をしなければなりません。

```
// オブジェクト変数の宣言
let obj: {
  name: string;
  flavor: string;
};
・・・
// オブジェクトの初期化
obj = {
  name: "缶ジュース",
  flavor: "りんご味",
};
・・・
obj = { // 問題点：再代入できてしまう
```

```
  name: "コーヒー",
  flavor: "苦い",
};
```

　オブジェクトに型注釈を付与すると、誤ったオブジェクトを代入できなくなります。次のコードはいずれもコンパイルエラーになります。

```
obj = {
  name: "缶ジュース", // flavorプロパティが抜けている
};
```

```
obj = {
  name: "缶ジュース",
  flavor: true, // string型以外を代入している
};
```

```
obj = {
  name: "缶ジュース",
  flavor: "りんご味",
  price: 120, // プロパティが定義されていない
};
```

　ただし、この方法はオブジェクト変数をletで宣言するので、再代入によってオブジェクトが破壊される可能性があります。

```
obj = {
  name: "アイスクリーム",
  flavor: "バニラ味",
};
```

インターフェースを使った型注釈

オブジェクトの型情報はインターフェース（111ページ）で定義することもできます。

書式

```
interface Juice {
  name: string;
  flavor: string;
}
```

上記のように宣言した型の名前（Juice）を使ってオブジェクトを型注釈すると、オブジェクトの生成と型情報の定義を分離することができます。

```
const obj: Juice = {
  name: "缶ジュース",
  flavor: "りんご味",
};
```

型エイリアス（type）とインターフェース（interface）にはいくつかの違いがあります。違いの例はChapter07（257ページ）で解説します。

型エイリアスとインターフェースの違い

比較項目	型エイリアス	インターフェース
継承（112ページ）	できない	できる
同じ名前の型定義を行ったとき	コンパイルエラー	定義がマージされる
ユニオン型の定義	できる	できない
クラスでの実装	できる	できる

読み取り専用のプロパティ

 readonly 修飾子

オブジェクトの型情報を宣言する際、名前の前に readonly を記述したプロパティは読み取り専用になります。

書式

```
type Juice = {
  readonly name: string; // 読み取り専用のプロパティ
  flavor: string;
};
```

読み取り専用のプロパティの値を書き換えようとすると、コンパイルエラーになります。

```
const obj: Juice = {
  name: "缶ジュース",
  flavor: "りんご味",
};
obj.name = "ペットボトル"; // コンパイルエラー
obj.flavor = "メロン味"; // 代入可能
```

 const アサーション

オブジェクトリテラルの後ろに as const を付与したオブジェクトは、全てのプロパティが読み取り専用になります。

```
const obj = {
  name: "缶ジュース",
  flavor: "りんご味",
} as const;
```

プロパティの値を書き換えようとすると、コンパイルエラーになります。

```
obj.name = "ペットボトル"; // コンパイルエラー
obj.flavor = "メロン味"; // コンパイルエラー
```

ただし、as constを付与してもobj自体をletで宣言すると、オブジェクト全体を書き換えることができてしまいます。

```
let obj: Juice = {
  name: "缶ジュース",
  flavor: "りんご味",
} as const;
// obj全体を書き換えできてしまう
obj = {
  name: "ペットボトル",
  flavor: "メロン味",
};
```

制限の違い

readonly修飾子、const宣言、constアサーションは、代入を禁止するという機能は似ていますが、制限の対象が異なります。

● readonly修飾子

readonly修飾子は、付与したプロパティのみ読み取り専用にします。次の例は、priceプロパティよりも下層にあるプロパティは読み取り専用にならないことを示しています。

```
type Juice = {
 readonly price: {
  base: number; // 本体価格
  tax: number; // 税額
 };
};
const obj: Juice = {
 price: {
  base: 100,
  tax: 10,
 },
};
obj.price = { // コンパイルエラー
 base: 200,
 tax: 20,
};
obj.price.base = 120; // 書き換え可能
```

● constアサーション

　as constを付与したオブジェクトは、オブジェクトのプロパティを再帰的に読み取り専用にします。つまり、プロパティがオブジェクトである場合、そのプロパティも読み取り専用になります。次の例は、priceプロパティだけでなくpriceオブジェクトのプロパティも読み取り専用になることを示しています。

```
let obj = {
 price: {
  base: 100,
  tax: 10,
 },
} as const;
obj.price = { // コンパイルエラー
 base: 200,
```

```
  tax: 20,
};
obj.price.base = 120; // コンパイルエラー
obj = { // 代入可能
  price: {
    base: 200,
    tax: 20,
  },
};
```

ただし、obj自体はletで宣言しているため、objには新しいオブジェクト
を代入できてしまいます。これを防ぎ、プロパティもオブジェクトも完全に
読み取り専用にするためには、const宣言とas constを併用します。

```
const obj = {
  price: {
    base: 100,
    tax: 10,
  },
} as const;
obj.price = { // コンパイルエラー
  base: 200,
  tax: 20,
};
obj.price.base = 120; // コンパイルエラー
obj = { // コンパイルエラー
  price: {
    base: 200,
    tax: 20,
  },
};
```

しかし、これでもなおプロパティが書き換えられてしまうケースがありま
す。関数の引数にオブジェクトを渡した場合です。

関数によるプロパティの破壊

　関数がオブジェクトを受け取るとき、引数の型注釈にreadonlyをつけないと関数内でプロパティの書き換えができてしまいます。

```
const obj = {
  price: {
    base: 100,
    tax: 10,
  },
} as const;

function no_tax(obj: { price: { base: number; tax: number } }) {
  obj.price.tax = 0; // オブジェクトが破壊される
}

no_tax(obj);
console.log(obj); // -> { price: { base: 100, tax: 0 } }
```

　引数をreadonlyにすることで回避できます。

```
function no_tax(obj: { price: { base: number; readonly tax: number } }) {
  obj.price.tax = 0; // コンパイルエラー
}
```

オプショナルプロパティ

 省略可能なプロパティ

　プロパティ名の後ろに「?」を付与すると、省略可能な（任意の）プロパティになります。これをオプショナルプロパティと呼びます。

```
type Juice = {
  name: string; // 必須
  flavor?: string; // 任意
};
```

　flavorプロパティは省略可能なので、次のコードはコンパイルエラーになりません。

```
const obj: Juice = {
  name: "缶ジュース",
};
```

　必要であれば、オブジェクトに初期値を代入した後にプロパティを追加することができます。

```
obj.flavor = "リンゴ味";
```

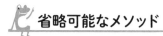

省略可能なメソッド

メソッドの場合はメソッド名の後ろに「?」を付与します。

```
type Cat = {
  meows?(): void;
};
```

これによって、meows メソッドを持たない Cat オブジェクトを利用できるようになります。

省略されたプロパティの参照

省略されたプロパティを参照すると undefined が返されます。

```
console.log(obj.flavor);  // -> undefined
```

JavaScript の Null 合体演算子「??」を利用すると、プロパティが定義されているときはプロパティの値を参照し、定義されていないときは「??」の右辺の値を参照する分岐処理を簡潔に記述することができます。

```
console.log(obj.flavor ?? "無果汁"); // -> 無果汁
```

オプショナルプロパティが省略されていた場合にプログラムエラーを起こさないようにデフォルト値を用意したい場面で役立ちます。

●オプショナルプロパティの用途

お問い合わせフォームやアンケートフォームの備考欄をオプショナルプロパティで定義すると、ユーザーが任意で入力する情報であることをプロパティの定義を見れば想像することができます。また、「存在しないかもしれないが、もし存在した場合のデータ型が何であるか」を明確に示すことができます。

オプショナルチェーン

オプショナルチェーン演算子

　obj.hoge.fooのようにオブジェクトの連鎖の途中に省略されたオプショナルプロパティ hogeがあった場合、そのプロパティである fooを参照すると、コンパイルエラーが発生します。

　次のコードは、省略された flavorプロパティ（Stringオブジェクト）の lengthプロパティを参照したため、エラーが発生する例です。

```
type Juice = {
 name: string; // 必須
 flavor?: string; // 任意
};

const obj: Juice = {
 name: "缶ジュース",
};

console.log(obj.flavor.length); // コンパイルエラー
```

　オプショナルプロパティ演算子「?.」を使うと、プロパティが省略されていた場合に undefinedが返され、コンパイルエラーは発生しません。

```
console.log(obj.flavor?.length); // ->undefined
```

オプショナルチェーンの連鎖

　オブジェクトの連鎖の奥深くにあるオプショナルプロパティを参照するために、オプショナルチェーンをつなげることができます。次のコードは、食肉の値引き後価格を金額フォーマットで出力する例です。

```
type Meet = {
  name: string; // 名前：必須
  price?: { // 価格：任意
    base?: number; // 本体価格：任意
    tax?: number; // 税額：任意
    discount?: number; // 値引き後の価格：任意
  };
};

const obj: Meet = {
  name: "高級肉",
  price: {
    base: 1280,
  },
};
let value = obj.price?.discount?.toLocaleString();
console.log(value); // -> undefined
```

　discountプロパティとpriceプロパティの両方もしくはどちらか一方が省略されていてもコンパイルエラーは発生せず、undefinedが出力されます。

 メソッドのオプショナルチェーン

　メソッドのオプショナルチェーンは、メソッド名の後ろに「?.」を記述します。

　次のコードは、鳴き声を文字列として返すオプショナルなmeowsメソッドの戻り値（Stringオブジェクト）を、Stringオブジェクトのrepeatメソッドを使って3回繰り返し出力する例です。

```
type Cat = {
  meows?(): string; // 任意
};
const obj: Cat = {
  meows: () => {
    return "にゃー";
  },
};
console.log(obj.meows?.().repeat(3)); // -> にゃーにゃーにゃー
```

「?.」を付けずにオプショナルメソッドを実行しようとするとコンパイルエラーが発生します。

```
// 'undefined' の可能性があるオブジェクトを呼び出すことはできません。
console.log(obj.meows().repeat(3));
```

 ## 配列要素のオプショナルチェーン

配列要素のオプショナルチェーンは、配列名の後ろに「?.」を記述します。

```
const member = ["山田", "鈴木"];
console.log(member?.[0]); // -> 山田
console.log(member?.[1]); // -> 鈴木
console.log(member?.[2]?.toString()); // -> undefined
console.log(member?.[2].toString()); // 実行時エラー
```

最後のコードは、member[2] が存在しないため、次のコードと同じ意味になります。

```
console.log(undefined.toString()); // 実行時エラー
```

オプショナルプロパティとデフォルト値

　オプショナルチェーンの先にあるプロパティを代入した変数は、そのプロパティの型とundefinedのユニオン型になります。

　次のコードのvalueは、discountが存在すれば数値型になり、存在しなければundefined型になります。

```
let value = obj.price?.discount; // number | undefined
```

　そのため、後に続くプログラムでvalueを数値型とみなして計算すると、valueがundefinedだった場合に計算結果がNaNになってしまいます。

```
// 100円引きにする
console.log(value - 100); // NaN
```

　そこで、JavaScriptのNull合体演算子「??」を組み合わせると、プロパティが存在しなかった場合のデフォルト値を返す簡潔なコードが記述できます。

```
let value = obj.price?.discount ?? 1000; // number
// 100円引きにする
console.log(value - 100); // 900
```

> Point! ᴖᴥᴗ
> Null合体演算子は、演算子の左辺がnullish（nullまたはundefined）でなければ左辺の値を返し、nullishであれば右辺の値を返します。

オブジェクトの分割代入

 変数への分割代入

オブジェクトのプロパティを取り出したいとき、取り出したいプロパティ名を {} に列挙すると、同じ名前の変数に取り出すことができます。

書式

```
{ プロパティ名, プロパティ名,... } = オブジェクト;
```

次のコードは、階層化されたオブジェクト obj.price の中にある2つのプロパティを取り出して、分割代入を利用して base と tax に代入する例です。

```
const obj = {
 name: "高級肉",
 price: {
  base: 1280,
  tax: 128,
  discount: 1000,
 },
};
// 本体価格と税額を取り出す
const { base, tax } = obj.price;
```

このとき、price.discount プロパティは、受け取る変数名が左辺の {} の中に記述されていないため、どこにも代入されません。

同じことを分割代入を使わずに記述すると、プロパティごとに代入文を記

述しなくてはなりません。

```
const base = obj.price.base; // 本体価格
const tax = obj.price.tax; // 税額
```

> **Point!** **分割代入のメリット**
> 分割代入を使うと、複数のデータの代入を1行にまとめて記述できます。オブジェクトのプロパティや配列要素の中から必要なものだけを取り出したいときに便利です。

代入する変数名の指定

　オブジェクトのプロパティ名とは異なる名前の変数に取り出したいときは、変数名の後ろに「:変数名」を記述します。

書式

```
{ プロパティ名 : 変数名 , … } = オブジェクト ;
```

　次のコードは、baseプロパティの値をbaseValueに受け取り、taxプロパティの値をtaxValueに受け取ります。

```
const { base: baseValue, tax: taxValue } = obj.price;
```

　これは次のコードと等価です。

```
const baseValue = obj.price.base; // 本体価格
const taxValue = obj.price.tax; // 税額
```

入れ子構造の分割代入

　{}を入れ子にして、代入するオブジェクトと同じ構造にすると、階層の異なるプロパティを分割代入することができます。次の例は、オブジェクト内の異なる階層にある3つのプロパティから値を取り出しています。

```
const obj = {
  name: "高級肉",
  price: {
    base: 1280, // 本体価格
    tax: 128, // 税額
    discount: 1000, // 値引き価格
  },
};

const {
  name: meetName,
  price: { base, discount },
} = obj;

console.log(meetName); // -> 高級肉
console.log(base); // -> 1280
console.log(discount); // -> 1000
```

　meetNameにはobj.nameの値が代入されます。baseとdiscountには、obj.priceの中にある同じ名前のプロパティ（baseとdiscount）の値が代入されます。

分割代入のデフォルト値

　「=」の後ろにデフォルト値を指定すると、代入するプロパティがundefinedの場合にデフォルト値が代入されます。次の例は、オプショナルプロパティを分割代入する際のデフォルト値を指定しています。

```
type Meet = {
  name: string;
  price: {
    base: number; // 本体価格
    tax?: number; // 税額
```

```
    discount?: number; //値引き価格
  };
};

const obj: Meet = {
  name: "高級肉",
  price: {
    base: 1280,
  },
};

const { base, tax = 0, discount = base } = obj.price;

console.log(base); // -> 1280
console.log(tax); // -> 0
console.log(discount); // -> 1280（base と同じ値が入る）
```

　base には obj.price の中にある同じ名前のプロパティ（base）の値が代入されますが、obj.price の中には tax と discount プロパティが存在しない（オプショナルなので省略されている）ので、代わりにデフォルト値が代入されます。

　同じことを分割代入を使わずに記述すると次のようになります。

```
const base = obj.price.base;
const tax = obj.price.tax ?? 0;
const discount = obj.price.discount ?? obj.price.base;
```

プロパティのループ

 for-in構文を使ったループ

JavaScriptのfor-in構文を使ってオブジェクトのプロパティを繰り返し参照しようとするとコンパイルエラーが発生します。

```
const obj = {
 name: "アイスクリーム",
 flavor: "バニラ味",
};
for (const key in obj) {
 const value = obj[key]; // コンパイルエラー
}
```

[]（ブラケット記法）でオブジェクトのプロパティを参照するときのkeyは、文法上の制約からstring型でなければなりません。一方、keyに代入されるobjのプロパティ名は2つのリテラル"name"と"flavor"のユニオン型なので、TypeScriptでは型が一致せずエラーになります。

keyof演算子とtypeof演算子を利用して、for-in構文の変数keyをobjのプロパティ名のユニオン型として宣言すると、型が一致するのでコンパイルエラーを回避できます。

```
let key: keyof typeof obj; // "name" | "flavor"
for (key in obj) {
 const value = obj[key];
}
```

● typeof演算子

TypeScriptのtypeof演算子は、変数から型を抽出します。次のコードは、objの型にIcecreamという名前をつけて定義し、Icecream型のオブジェクトを生成する際に利用しています。

```
type Icecream = typeof obj;
const chocoIce: Icecream = {
  name: "アイスクリーム",
  flavor: "チョコレート味",
};
```

● keyof演算子

keyof演算子をオブジェクトに使うと、オブジェクトのキー（プロパティ名）をユニオン型で返します。

```
let key: keyof Icecream; // "name" | "flavor"
```

これらを組み合わせると次の結果が得られます。

```
let key: keyof typeof obj; // "name" | "flavor"
```

for-of構文を使ったループ

JavaScriptのfor-of構文を使ってプロパティを繰り返し参照するには、ofの右辺に反復可能なオブジェクトを指定します。ただし、Object.entriesとObject.valuesメソッドはES2017を要求しますので、下記の①と②を使う場合はtscコマンドのtargetオプションでes2017以降のバージョンを指定する必要があります。

● ①プロパティ名と値を両方参照

Object.entries()は、引数に与えたオブジェクトが持つプロパティの名前と値からなる配列を返します。この配列の要素を分割代入で変数keyとvalueに受け取ると、ループ内で使用できます。

```
for (const [key, value] of Object.entries(obj)) {
  console.log(key, value); // objのプロパティの名前と値が出力される
}
```

●②プロパティの値だけ参照

Object.values()は、引数に与えたオブジェクトが持つプロパティの値からなる配列を返します。

```
for (const value of Object.values(obj)) {
  console.log(value); // objのプロパティの値が出力される
}
```

●③プロパティの名前だけ参照

Object.keys()は、引数に与えたオブジェクトが持つプロパティの名前からなる配列を返します。

```
for (const key of Object.keys(obj)) {
  console.log(key); // objのプロパティの名前が出力される
}
```

 forEach構文を使ったループ

JavaScriptのforEach構文を使う方法もあります。

```
Object.entries(obj).forEach(function ([key, value]) {
  console.log(key, value); // ①プロパティ名と値を両方参照
});
Object.values(obj).forEach(function (value) {
  console.log(value); // ②プロパティの値だけ参照
});
Object.keys(obj).forEach(function (key) {
  console.log(key); // ③プロパティの名前だけ参照
});
```

↓

クラス

クラスとは？

オブジェクトとクラスの関係

　オブジェクトが持つ性質（プロパティやメソッド）を定義したものを**クラス**と呼びます。クラスはオブジェクトの設計書です。

クラスとオブジェクトの関係

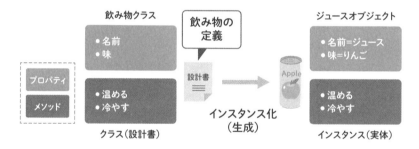

　クラスからオブジェクトを生成することを**インスタンス化**、生成されたオブジェクトをクラスの**インスタンス**と呼びます。

クラスの定義

　TypeScriptでは次のようにクラスを定義します。

書式

```
class クラス名 {
 // ①プロパティ
 プロパティ名：型注釈；
 プロパティ名：型注釈；
 ・・・
```

```
// ②コンストラクタ
constructor(引数:型注釈) {
 ・・・
}
// ③アクセサ
get プロパティ名():型注釈 {
 ・・・
}
set プロパティ名(引数:型注釈) {
 ・・・
}
 ・・・
// ④メソッド
 メソッド名(引数:型注釈):型注釈 {
 ・・・
}
}
```

①②③④について、解説します。

⚫①プロパティ（→80ページ）

プロパティを保持する変数名と型注釈を記述します。

⚫②コンストラクタ（→80ページ）

コンストラクタはプロパティを初期化する役割を担う特殊なメソッドです。**new**演算子でオブジェクトのインスタンスが生成されるタイミングで自動的に呼び出されます。また、名前は**constructor**と決まっており、戻り値を返しません（戻り値の型注釈は記述できません）。

コンストラクタの記述を省略すると、引数を持たない既定のコンストラクタが呼び出されます。

⚫③アクセサ（→84ページ）

アクセサは、プロパティにアクセスする安全な手段を提供する役割を担うメソッドです。プロパティを読み取るアクセサは**get**キーワードをつけ、戻り値の型注釈が記述できます。プロパティに値を設定するアクセサは**set**キーワードをつけ、引数の型注釈が記述できます。

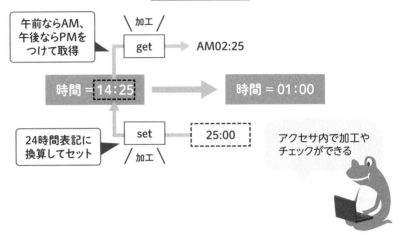

アクセサのイメージ

午前ならAM、午後ならPMをつけて取得 → get 加工 → AM02:25

時間＝14:25 → 時間＝01:00

24時間表記に換算してセット → set 加工 → 25:00

アクセサ内で加工やチェックができる

④メソッド（→88ページ）

メソッドを定義します。通常の関数と同じく、任意で引数を受け取り、任意で戻り値を返すことができます。

 ## 型定義としてのクラス

TypeScriptのクラスは型定義としての意味も持ちます。関数にDrink型の引数を渡すと、関数内でDrinkオブジェクトのプロパティを参照できます。

```typescript
// 飲み物クラスの定義
class Drink {
  name: string;
  flavor: string;
  constructor(name: string, flavor: string) {
    this.name = name;
    this.flavor = flavor;
  }
}
// 飲み物を注文する関数
function order(obj: Drink): void {
  console.log(`${obj.name}を注文しました`);
```

```
}
// 飲み物を飲む関数
function drink(obj: Drink): void {
  console.log(`${obj.flavor}の味がします`);
}
// 飲み物のインスタンスを生成
const appleJuice = new Drink("ジュース", "りんご");
// 関数を実行
order(appleJuice); // -> ジュースを注文しました
drink(appleJuice); // -> りんごの味がします
```

組み込みオブジェクト

　JavaScriptの実行環境に最初から組み込まれているオブジェクトの多くは、newでクラスのインスタンスを生成して利用します。

アクセサのイメージ

クラス名	オブジェクトの説明
Array	配列を表し、要素の追加や並び順を操作するメソッドを持つ
ArrayBuffer	バイナリーデータのバッファーを表す
Date	ある瞬間の時刻をプラットフォームに依存しない形式で表す
Error	実行時エラーが発生したとき生成され、エラーの詳細情報を表す
Map	キーと値のペアのコレクションを表す
Number	整数や浮動小数点数を表し、数値を扱うための定数とメソッドを持つ
Object	引数で与えた値に対応する型のラッパーオブジェクトを表す
Promise	非同期処理の結果およびその結果の値を表す
String	テキスト形式で表現可能なデータを表し、文字列の連結や検索を行うメソッドを持つ

　NumberやStringなどプリミティブ型と対になるオブジェクトは、newで生成しなくても変数に値を代入すると自動的にインスタンスが代入されます。次のコードは同じ意味です。

```
const seven = new Number(7);
const seven = 7; // Number クラスのインスタンスが代入される
```

プロパティとコンストラクタ

プロパティとアクセス制限

クラスのプロパティにアクセス修飾子（priavte/protected/public）をつけると、プロパティを参照できる範囲を制限することができます。

 書式

```
アクセス修飾子 プロパティ名：型注釈;
```

● private

privateアクセス修飾子をつけたプロパティは、そのクラス以外から直接アクセスすることができなくなります。

● protected

protectedアクセス修飾子をつけたプロパティは、そのクラスを継承したサブクラス（→98ページ）と、そのクラス以外から直接アクセスすることができなくなります。

● public

publicアクセス修飾子をつけたプロパティは、どこからでもアクセス可能になります。アクセス修飾子を省略するとpublicを指定したことになります。

コンストラクタ

クラスのプロパティはコンストラクタで初期化（初期値を代入）します。そのため、コンストラクタの引数には、プロパティに適切な初期値を与えるために必要な情報を渡します。

```
constructor(引数: 型注釈) {
  this.プロパティ名 = 引数;
}
```

　クラス内での**this**は（一部の例外を除き）インスタンス自身を指します。次のコードは、初期化の失敗例です。コンストラクタ内の変数_flavorにはthisがついていないため、コンパイラはコンストラクタ内（関数スコープ）で宣言された変数を探しますが、存在しないためエラーになります。正しくは、this._flavorと記述します。

```
class Drink {
  private _name: string;
  private _flavor: string;
  constructor(name: string, flavor: string) {
    this._name = name;
    _flavor = flavor; // コンパイルエラー
  }
}
```

　なお、引数とプロパティ名の重複を避けるために、本書では慣例にならってプロパティを保持する変数名の先頭に「_」をつけます。

インスタンスの生成

　new演算子をつけたクラス名を関数のように呼び出すと、コンストラクタが実行され、インスタンスが返されます。

```
const obj = new クラス名(引数);
```

　次のコードはDrinkクラスのインスタンスを生成する例です。

```
const tea = new Drink("紅茶", "ダージリン");
```

　型エイリアスを利用してコンストラクタの引数をオブジェクトとして定義

しておくとコンストラクタに渡すオブジェクトのプロパティを記述する順番を意識する必要がなく、引数の変更に強いプログラムになります。

```typescript
// コンストラクタ引数の型
type DrinkParams = {
  name: string; // 名前
  flavor: string; // 味
  sugar: number; // 砂糖の量
};
// Drinkクラスの定義
class Drink {
  private _name: string;
  private _flavor: string;
  private _sugar: number;
  constructor(params: DrinkParams) {
    this._name = params.name;
    this._flavor = params.flavor;
    this._sugar = params.sugar;
  }
}
// プロパティの順番を気にしなくてもよい
const tea = new Drink({
  sugar: 10,
  flavor: "ダージリン",
  name: "紅茶",
});
```

コンストラクタに渡す DrinkParams 型のオブジェクトは name、flavor、sugar の3つのプロパティを含んでいればよいので、プロパティの順番は関係ありません。

 ## コンストラクタの柔軟性

TypeScriptやJavaScriptでは、引数の異なるコンストラクタを複数実装することができません。そのため、デフォルト引数や残余引数を利用して、コンストラクタに柔軟性を持たせるとよいでしょう。

次のコードは、flavorを省略可能にしています。

```
constructor(name: string, flavor: string = "") {
  this._name = name;
  this._flavor = flavor;  // 省略すると空文字列がセットされる
}
```

nameだけを指定してインスタンスが生成できるようになります。

```
const milk = new Drink("牛乳");
```

次のコードは、残余引数を利用してname以外の付属情報をいくつでも渡せるようにしています。

```
constructor(name: string, ...param: string[]) {
  this._name = name;
  this._param = param;  // 第二引数以降が配列に格納される
}
```

```
const tea = new Drink("お茶", "緑茶", "静岡産");
```

＼Column／

残余引数

残余引数はJavaScriptの構文です。関数の仮引数に「...」をつけると、呼び出し側から実引数を「,」で区切っていくつでも渡せるようになります。「...」をつけた残余引数には、実引数が配列要素として格納されます。ただし、残余引数は一番最後の引数にしか使えません。

なお、関数内で配列に似た組み込みオブジェクトargumentsを使用すると、arguments[0]は1番目、arguments[1]は2番目の引数を指しますが、argumentsは配列ではないのでforEach（74ページ）などArrayクラスのメソッドを使うことができません。一方、残余引数はArrayなので、param.lengthやparam.forEach(...)が使えます。

アクセサ

 プロパティへの安全なアクセス

　クラスを利用する側のプログラムでプロパティを自由に書き換えできてしまうと、インスタンスの性質が不適切な内容に変わったり、誤動作の原因になります。

```
const tea = new Drink("紅茶", "ダージリン");
tea.name = "アイスクリーム";
tea.flavor = "チョコミント";
```

　Drinkは飲み物を表すつもりで定義されたクラスですが、プロパティに何でも代入できてしまうと、もはや飲み物ではなくなってしまいます。
　このような誤用を防ぎ、インスタンスを保護するには、クラスの外部からは直接的にプロパティを参照できないように隠蔽し、クラス側が用意したメソッドを介して間接的にプロパティにアクセスさせることが有効です。そのような役割を担う特別なメソッドが**アクセサ**です。

 読み取り専用のアクセサ（getter）

　プロパティの値を読み取る（戻り値として返す）アクセサを**getter**（ゲッター）と呼びます。関数と同じように、戻り値の型注釈を記述します。

```
get name(): string {
  return this._name;
}
```

　getterは関数のような形をしていますが、クラスを利用する側のプログラムでは普通のプロパティと同じように記述します。

```
console.log(tea.name); // -> 紅茶
```

　関数のように()をつけて呼び出すとコンパイルエラーになります。

```
console.log(tea.name()); // コンパイルエラー
```

　単純にプロパティの値を返すだけでなく、加工して返すこともできます。

```
get name(): string {
    return "【" + this._name + "】";
}
console.log(tea.name); // ->【紅茶】
```

書き込み専用のアクセサ(setter)

　プロパティに値を書き込むアクセサを**setter**(セッター)と呼びます。関数と同じように、引数で値を受け取ります。

```
set name(name: string) {
  this._name = name;
}
```

　setterは関数のような形をしていますが、クラスを利用する側のプログラムでは普通のプロパティと同じように記述します。

```
tea.name = "高級茶";
```

　関数のように()をつけて呼び出すとコンパイルエラーになります。

```
tea.name("高級茶"); // コンパイルエラー
```

プロパティに不適切な値が代入されないように防ぐ処理をsetterに実装すれば、インスタンスの保護に役立ちます。次のコードは、飲み物ならばtrueを返す架空のisDrink関数を利用して、nameに飲み物以外が渡された場合にインスタンスが飲み物以外のオブジェクトにならないように保護しています。

```
set name(name: string) {
  // 飲み物かどうか判定
  if (isDrink(name)) {
    this._name = name;
  }
}
```

　こうすれば、飲み物ではない名前を代入しても名前が変わりません。

```
tea.name = "高級茶";
console.log(tea.name); // -> 高級茶 (名前が変わる)
tea.name = "猫";
console.log(tea.name); // -> 高級茶 (名前が変わらない)
```

●範囲チェック

　数値型のプロパティが取り得る値を適切な範囲に制限する場面にもsetterがよく使われます。

```
set sugar(sugar: number) {
  // 0以上の値しか受け付けない
  // 0未満の値が渡された場合は0にする
  this._sugar = (sugar >= 0) ? sugar : 0;
}
```

クラス内からのアクセス

　クラス内ではアクセサを使わず直接プロパティにアクセスできますが、アクセサを使ったほうが良い場合もあります。たとえば複数名で開発を分業す

る場合、メンバー全員が全てのクラスの正しい用途を理解しているとは限りません。

　Aさんは、りんご味のジュースが生成されることを期待して次のコードを記述しました。

```
const juice = new Drink("りんご");
```

　一見すると正しいように思えますが、このコードは間違いです。正しくは次のように記述します。

```
const juice = new Drink("ジュース", "りんご");
```

　Drinkクラスのコンストラクタの第一引数は飲料の種類、第二引数は風味を指定するものだからです。Aさんのコードでは「りんご」という名前の飲み物が生成されてしまいますが、りんご自体は飲料ではありませんので、論理的には間違ったコードです。

　そこで、Drinkクラスの各プロパティにsetterを定義して、コンストラクタでsetterを使ってプロパティを初期化すれば、論理的に誤ったオブジェクトが生成されることを防ぐことができます。

```
constructor(name: string, flavor: string = "") {
  this.name = name;  // 飲み物しか生成されないように保護
  this.flavor = flavor;
}
```

　flavorプロパティも同様に、風味を表す文字列かどうかを判定するロジックを備えたsetterを用意すれば、プロパティの保護に役立ちます。

```
set flavor(flavor: string) {
  // 風味かどうか判定
  if (isFlavor(flavor)) {
    this._flavor = flavor;
  }
}
```

04

メソッド

 クラスの機能を定義するもの

メソッドはクラスの機能を定義する関数です。通常の関数と同じように引数と戻り値に型注釈を記述できますが、関数名の前にfunctionをつけない点に注意しましょう。

次のコードは、Drinkクラスに別のDrinkを混ぜるメソッドです。

```
class Drink {
 ・・・
 mix(obj: Drink): void {
  this._flavor += obj._flavor;
 }
}
```

プロパティと同じように、メソッドにもアクセス修飾子（priavte/protected/public）をつけることができます。省略するとpublicを指定したことになります。

書式

アクセス修飾子 メソッド名（引数: 型注釈）: 型注釈 {}

クラスを利用する側のプログラムに公開する必要がないメソッドは、privateもしくはprotectedをつけて保護しましょう。

 メソッドの呼び出し

クラスを利用する側のプログラムからメソッドを呼び出すには、次のよう

に行います。

```
オブジェクト.メソッド名(引数);
```

炭酸にジュースを混ぜてみましょう。

```
const soda = new Drink("炭酸");
const juice = new Drink("ジュース");
soda.mix(juice);
console.log(soda.name); // -> 炭酸ジュース
```

● クラス内からの呼び出し

メソッドをクラス内から呼び出すときは**this**をつけます。Drink クラスに、引数で渡した飲み物を混ぜて冷やす mixCool メソッドを追加してみましょう。

```
mixCool(obj: Drink): void {
  this._name = "冷たい" + this._name;
  this.mix(obj);
}
```

mixCool メソッドを使って、炭酸にジュースを混ぜて冷やしてみましょう。

```
const soda = new Drink("炭酸");
const juice = new Drink("ジュース");
soda.mixCool(juice);
console.log(soda.name); // -> 冷たい炭酸ジュース
```

mixCool メソッドを呼び出すと、内部で mix メソッドが呼び出されます。

静的プロパティ

 クラスに従属するプロパティ

プロパティ名の前に**static**をつけると、静的プロパティになります。

 書式

> ［アクセス修飾子］static プロパティ名：型注釈 = 値；

静的プロパティは、全てのインスタンスが共有する（クラスに従属する）プロパティなので、インスタンスを生成しなくてもクラス名をつけるだけで参照できます。逆にいうと、インスタンスからは参照できません。

次の例は、全てのDrinkインスタンスに共通する税率の値をDrinkクラスの静的プロパティ TAX_RATE として定義しています。

```
class Drink {
  public static TAX_RATE: number = 0.1; // 税率
  private _price: number; // 価格
}
console.log(Drink.TAX_RATE); // -> 0.1

const milk = new Drink("牛乳");
console.log(milk.TAX_RATE); // コンパイルエラー
```

クラス内から参照する場合も同様です。プロパティの前にthisではなくクラス名をつけることに注意しましょう。

```
class Drink {
```

```
// 税込価格を返すメソッド
getPrice(): number {
  return Math.floor(this._price * (1 + Drink.TAX_RATE));
}
}
```

　下の図は、税率と価格が誰に（どのオブジェクトに）属しているかを表しています。

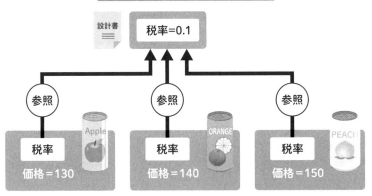

静的プロパティはクラスに従属する

	飲み物クラス	りんごジュース	オレンジジュース	桃ジュース
税率	0.1	–	–	–
価格	–	130	140	150

静的プロパティの初期化

　静的プロパティは、インスタンスによらず常に同じ値（定数）をクラスに備えたい場合に定義します。そのため、左ページのように宣言と同時に初期値を代入するのが一般的です。もちろん、コンストラクタの中で初期値を代入することも可能です。

読み取り専用のプロパティ

 readonly 修飾子

変数名の前に**readonly**を記述したプロパティは読み取り専用になります。

書式

```
class Drink {
  public readonly TAX_RATE: number = 0.1;
}
```

ただし、宣言時に初期値を代入しなかった場合にコンストラクタで初期化ができるように、コンストラクタでの再代入は可能です。

```
class Drink {
  public readonly TAX_RATE: number; // 型定義のみ
  constructor() {
    this.TAX_RATE = 0.1; // ここで初期化してもよい
  }
}
```

コンストラクタ以外の場所では再代入できません。

```
class Drink {
  public readonly TAX_RATE: number;
  setRate() {
    this.TAX_RATE = 0.1; // コンパイルエラー
  }
}
```

静的な読み取り専用プロパティ

staticキーワード（90ページ）とreadonly修飾子を併用すると、読み取り専用の静的プロパティになります。

```
class Drink {
  public static readonly TAX_RATE: number = 0.1; // 税率
}
```

次のように、どこからでも参照できます。

```
console.log("税率：" + Drink.TAX_RATE * 100 + "%"); // -> 税率：10%
```

readonly修飾子がついているので、誤った代入を防ぐことができます。

```
Drink.TAX_RATE = 0.12; // コンパイルエラー
```

readonly修飾子は再帰的ではない（58ページ）ので、次のようにするとrateとunitを変更できてしまいます。

```
class Drink {
  public static readonly TAX_RATE = {
    rate: 10.0,
    unit: "%",
  };
}
Drink.TAX_RATE.rate = 0; // エラーにならない
Drink.TAX_RATE.unit = ""; // エラーにならない
Drink.TAX_RATE = { rate: 0, unit: "%" }; // コンパイルエラー
```

> Point! 🐾
> 定数と変数を明確に区別するために、定数の名前は全て大文字で、単語ごとにアンダースコアでつなぐ記法（スネークケース）が一般的に用いられます。

静的メソッド

 クラスに従属するメソッド

メソッド名の前に**static**をつけると、静的メソッドになります。

 書式

> ［アクセス修飾子］static メソッド名（引数: 型注釈）: 型注釈 {}

　静的メソッドは、全てのインスタンスが共有する（クラスに従属する）メソッドなので、インスタンスを生成しなくてもクラス名をつけるだけで参照できます。逆にいうと、インスタンスからは参照できません。

```
class Drink {
  static isDrink(obj: Drink): boolean {
    return obj が飲み物なら true を返す処理;
  }
}
const curry = new Drink("カレー ");
console.log(Drink.isDrink(curry)); // -> false
console.log(curry.isDrink(curry)); // コンパイルエラー
```

 静的メソッドの使い道

　インスタンスを生成して返す処理を静的メソッドにすると、コンストラクタを使わずにインスタンスを得ることができます。

```
class Drink {
```

```
  static create(name: string): Drink {
    return new Drink(name);
  }
}
const coffee = Drink.create("コーヒー"); // new する必要なし
```

 ## 静的メソッドのメリット

・インスタンスを生成せずに呼び出すことができる
・インスタンスごとに動作が変わらない
・与えた引数だけでメソッドの挙動が決まる
　（インスタンスの状態に依存しない）

 ## 静的メソッドの制約

　静的メソッドは特定のインスタンスに備わっているわけではないので、静
的メソッドの内部でインスタンスのプロパティやインスタンスのメソッドを
参照するとコンパイルエラーになります。

```
  static create(name: string): Drink {
    return new Drink(this._name); // コンパイルエラー
  }
```

メソッドチェーン

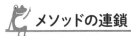 **メソッドの連鎖**

インスタンスの状態（プロパティ）に変化を与える複数のメソッドを順番に実行したいとき、インスタンスを返すようにメソッドを実装しておくと、連鎖的にメソッドを呼び出すことができます。

砂糖とミルクの量をプロパティに持つDrinkクラスを考えてみましょう。

```
class Drink {
  private _name: string;
  private _sugar: number; // 砂糖の量
  private _milk: number;  // ミルクの量
  constructor(name: string) {
    this._name = name;
    this._sugar = 0;
    this._milk = 0;
  }
  ・・・
```

砂糖とミルクを追加するメソッドを追加します。プロパティの値を更新するだけでなく、インスタンスを戻り値として返します。

```
  ・・・
  set name(name: string) {
    this._name = name;
  }
  addSugar(sugar: number): Drink {
```

```
  this._sugar += sugar; // 砂糖を追加
  return this; // インスタンスを返す
 }
 addMilk(milk: number): Drink {
  this._milk += milk; // ミルクを追加
  return this; // インスタンスを返す
 }
}
```

　こうすると、「砂糖の追加」「ミルクの追加」「名前の変更」の3つの処理を1行につなげて簡潔に記述することができます。

```
const coffee = new Drink("ブラックコーヒー");
coffee.addMilk(3).addSugar(5).name = "カフェラテ";
// coffee.addMilk(3);
// coffee.addSugar(5);
// coffee.name = "カフェラテ";
```

　このように、複数のメソッドを連鎖的に呼び出す記法をメソッドチェーンと呼びます（メソッドチェーンはJavaScriptの機能です）。

メソッドチェーンのイメージ

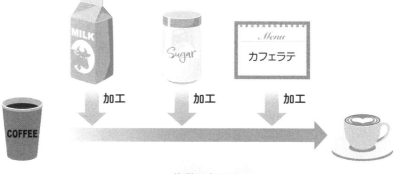

複数の加工を
順番に行うよ

クラスの継承

 継承とは？

　既存のクラスの性質（プロパティとメソッド）を引き継いで、新しいクラスを作成することを**継承**と呼びます。たとえばDrinkクラスを継承してコーヒークラスやワインクラスを作成すると、それらはDrinkクラスの性質を引き継ぎます。

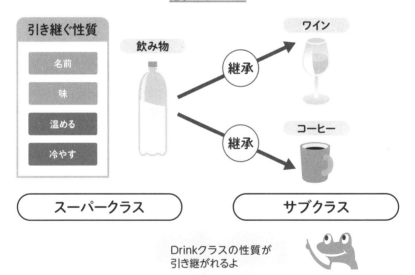

継承のイメージ

Drinkクラスの性質が
引き継がれるよ

Point!

継承元を**スーパークラス**（または親クラス/基底クラス）、継承先を**サブクラス**（または子クラス/派生クラス）と呼びます。

継承のメリット

　継承の最大のメリットは、既存のクラスの再利用性が高まることです。サブクラスへ引き継いだ性質は、スーパークラスを修正すればサブクラスにも自動的に反映されます。また、サブクラスだけが備えるべき性質はサブクラスに追加すればよいので、保守性を維持しつつ拡張性の高いプログラムが作成できます。

継承のメリット

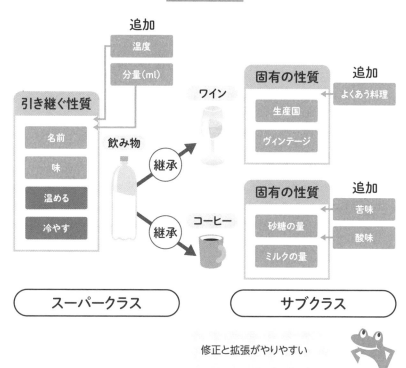

継承の書式

　クラスの継承は**extends**を使います。

書式

```
class サブクラス名 extends スーパークラス名 {}
```

Drinkクラスを継承してCoffeeクラスを定義してみましょう。

```
class Drink {
 private _amount: number;  // 分量
 constructor(amount: number) {
  this._amount = amount;
 }
 get amount(): number {
  return this._amount;
 }
}
class Coffee extends Drink {
}
const coffee = new Coffee(500);
console.log(coffee.amount); // -> 500
```

サブクラスに定義されていないメソッドやプロパティは、スーパークラスで定義されているものが参照されます。それらはスーパークラスのインスタンスが保持しているのではなく、サブクラスのインスタンスが保持しています。クラスを利用する側のプログラムから見ると、amountプロパティはDrinkクラスのプロパティではなくCoffeeクラスのプロパティのように見えます。

スーパークラスへのアクセス

コーヒーに入っている砂糖の量を表すsugarプロパティを追加してみましょう。砂糖は全ての飲み物に入っているわけではないので、Drinkクラスではなく Coffee クラスに実装します。

```
class Coffee extends Drink {
 private _sugar: number; // 砂糖の量
}
```

コンストラクタへのアクセス

sugar は Coffee クラスのコンストラクタで初期化します。amount の初期化はスーパークラスのコンストラクタに任せます。

```
class Coffee extends Drink {
 private _sugar: number; // 砂糖の量
 constructor(amount: number, sugar: number = 0) {
  super(amount); // Drink クラスのコンストラクタを呼び出す
  this._sugar = sugar;
 }
}
```

サブクラスからスーパークラスのコンストラクタを呼び出すには**super()**を使います。super はスーパークラスのインスタンスです。

書式

```
super(引数);
```

プロパティの初期化は、「スーパークラスのプロパティ⇒サブクラスのプロパティ」の順に行わなくてはなりません。スーパークラスのコンストラクタを呼び出す前にサブクラスのプロパティにアクセスするとコンパイルエラーになります。

```
constructor(amount: number, sugar: number = 0) {
 this._sugar = sugar;  // コンパイルエラー
 super(amount); // Drink クラスのコンストラクタを呼び出す
}
```

プロパティとメソッドへのアクセス

スーパークラスのプロパティとメソッドは**super**でアクセスします。

書式

```
super.プロパティ名
super.メソッド名(引数);
```

次のコードは、スーパークラスの getter を呼び出す例です。

```
class Coffee extends Drink {
  ...
  showAmount(): void { // 分量を出力するメソッド
    console.log(super.amount);
  }
}
```

● private と protected の使い分け

スーパークラスに固有の性質は private を指定して隠蔽し、サブクラスから不用意にアクセスされないよう保護します。サブクラスにも共通する性質は protected を指定してサブクラスに対して公開します。

次のコードは、Drink クラスの amount プロパティは Drink クラスを継承する全てのサブクラスに共通する性質と考えられることから、protected に変更しています。こうすることで、Coffee クラス内ではスーパークラスのアクセサ（getter や setter）を使わなくても自分自身のプロパティとして this でプロパティにアクセスできるようになり、コードの短縮や可読性の向上に役立ちます。

```
class Drink {
  protected _amount: number; // 分量
  ...
}
class Coffee extends Drink {
  ...
  showAmount(): void { // 分量を出力するメソッド
    console.log(this._amount);
  }
}
const coffee = new Coffee(500);
coffee.showAmount(); // -> 500
```

> **Point!**
> サブクラスにも共通するプロパティやメソッドはprotected、スーパークラスに
> 固有のものはprivateで保護することを推奨します。

メソッドのオーバーライド

スーパークラスのメソッドをサブクラスで再定義することを**オーバーライ
ド**（override）と呼びます。

コーヒーに砂糖を入れると、砂糖の分だけ全体の分量が増えるので、
Coffeeクラスのアクセサを次のように再定義してみましょう。

```
class Coffee extends Drink {
  ...
  get amount(): number {
    return this._amount + this._sugar;
  }
  ...
}
```

メソッドのオーバーライド

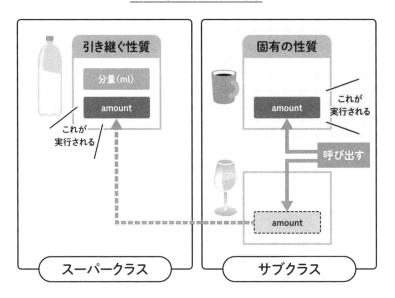

コーヒークラスでオーバーライドしたamountメソッドを呼び出すと、スーパークラスのamountメソッドではなくコーヒークラスのamountメソッドが実行されます。

一方、オーバーライドしていないサブクラス（図のワインクラス）のamountメソッドを呼び出すと、スーパークラスのamountメソッドが実行されます。

> **Point!** 🐁　**オーバーライドの使い道**
> スーパークラスから継承したメソッドの処理内容をサブクラスで置き換えたい場合に使います。

🫖 メソッドの拡張

スーパークラスのメソッドを利用しつつ、サブクラス固有の処理を加えたい場合は、オーバーライドしたメソッド内でスーパークラスのメソッドを呼び出します。

次のコードは、価格を取得するgetPriceメソッドを、セール対象の飲料を表すSaleDrinkクラスでオーバーライドしています。

```
class Drink {
 protected _price: number;
 getPrice(): number { return this._price; }
}
class SaleDrink extends Drink {
 getPrice(): number { // 半額で提供
  return Math.floor(super.getPrice() / 2);
 }
}
```

たとえばDrinkクラスのgetPriceメソッドが返す価格が税込から税別に変わったとしても、SaleDrinkクラスのgetPriceメソッドは常にその半額を返します。つまり、スーパークラスの機能を利用しつつ、サブクラス独自の処理を加えた形になります。

　目的に合わせてスーパークラスとサブクラスのメソッドを使い分けできたほうがよい場合は、オーバーライドしなくても構いません。

　次のコードは、元の価格を取得したいときはgetPriceメソッド、半額の価格を取得したいときはgetHalfPriceメソッドを使い分けできるようにサブクラスを実装しています。

```typescript
class SaleDrink extends Drink {
  getHalfPrice(): number { // 半額で提供
    return Math.floor(super.getPrice() / 2);
  }
}
const drink = new SaleDrink();
drink.getPrice(); // スーパークラスのメソッド
drink.getHalfPrice(); // サブクラスのメソッド
```

抽象クラス

 抽象クラスとは?

　スーパークラスで**abstract**をつけたプロパティやメソッドは、サブクラスで同じ名前のプロパティやメソッドを実装することが強制されます（実装しなければコンパイルエラーになります）。これを抽象プロパティ、抽象メソッドと呼びます。また、ひとつでも抽象プロパティや抽象メソッドを持つスーパークラスは、クラス名の前に**abstract**をつけなければならず、これを抽象クラスと呼びます。

書式

```
abstract class 抽象クラス名 {...}
```

　抽象クラスを継承したサブクラスを具象クラスと呼びます（単にサブクラスと呼ぶこともあります）。

書式

```
class 具象クラス名 extends 抽象クラス名 {...}
```

　普通のスーパークラスは、継承しなくても直接インスタンス化して使うことができますが、抽象クラスは自分自身をインスタンス化することができません。そのため、プログラマーに対して「必ず継承して使う」という制約を課すことができます。

Point!
共通の性質を持つサブクラスを複数名で開発するとき、似た意味のプロパティやメソッドなのにクラスによって名前が異なると、内容の把握に時間がかかって非効率です。抽象クラスを使うと、クラスの実装に一定のルールを作ることができます。

スーパークラスと抽象クラスの違い

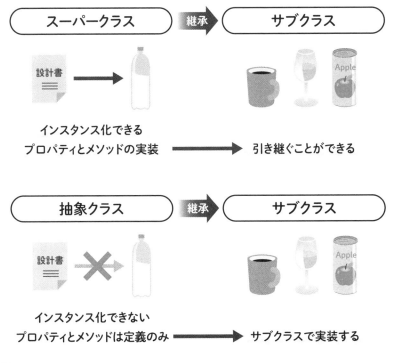

抽象プロパティ/抽象メソッド

　抽象クラス内でabstractをつけて定義したプロパティやメソッドは、具象クラスで必ず実装しなければなりません。次のコードは、抽象プロパティと抽象メソッドをひとつずつ持つ抽象クラスです。

```
abstract class Drink {
  protected abstract _amount: number; // 分量 (ml)
  constructor() {}
  abstract showAmount(): void; // 分量を出力するメソッド
}
```

> Point! ◖◗
> 抽象メソッドには具体的な処理内容を記述せず、メソッド名や引数などの定義だけを宣言します。

Drinkを継承した具象クラスCoffeeは、amountプロパティとshowAmount
メソッドを実装しなければコンパイルエラーになります。

```
class Coffee extends Drink {
  protected _sugar: number; // 砂糖の量 (g)
}
非抽象クラス 'Coffee' はクラス 'Drink' からの継承抽象メンバー '_amount' を実装
しません。
非抽象クラス 'Coffee' はクラス 'Drink' からの継承抽象メンバー 'showAmount' を
実装しません。
```

　次のように、Coffeeクラス自身のプロパティとしてamountを定義し、
showAmountメソッドの具体的内容を実装する必要があります。

```
class Coffee extends Drink {
  protected _amount: number; // 分量 (ml)
  protected _sugar: number; // 砂糖の量 (g)
・・・
  showAmount(): void {
    console.log(this._amount + this._sugar);
  }
}
```

　このように、抽象クラスは、それを継承する具象クラスが必ず実装しなけ
ればならない性質（プロパティとメソッド）を定義する役目を果たします。誰
が具象クラスを作成しても、必ず分量をプロパティに持ち、分量を出力する
メソッドを持つことを抽象クラスが保証することができます。
　ただし、抽象メソッドの処理内容については具象クラス側で自由に実装す
ることができます。Drinkクラスが強制しているのはshowAmountというメ
ソッドの名前、引数の有無と型、戻り値の型だけです。

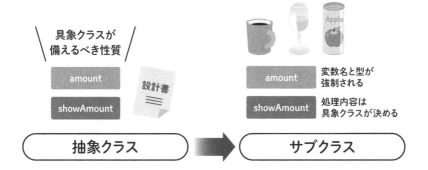

抽象プロパティと抽象メソッド

抽象クラスのコンストラクタ

コンストラクタはabstractをつけて抽象メソッドにすることができません。かといって、具体的に実装しようにも、初期化するプロパティが抽象プロパティの場合はthisで参照することができないので、次のコンストラクタはコンパイルエラーになります。

```
abstract class Drink {
  protected abstract _amount: number; // 分量 (ml)
  constructor(amount: number) {
    this._amount = amount; // コンパイルエラー
  }
  abstract showAmount(): void; // 分量を出力するメソッド
}
```

このような場合は、具象クラス側でコンストラクタを実装します。

```
// 抽象クラス
abstract class Drink {
  protected abstract _amount: number; // 分量 (ml)
  constructor() {}
  abstract showAmount(): void; // 分量を出力するメソッド
}
```

```
// 具象クラス
class Coffee extends Drink {
  protected _amount: number; // 分量 (ml)
  protected _sugar: number; // 砂糖の量 (g)
  constructor(amount: number, sugar: number) {
   super(); // このコンストラクタは何もしない
   this._amount = amount;
   this._sugar = sugar;
  }
  showAmount(): void {
   console.log(this._amount + this._sugar);
  }
}
```

　このとき、具象クラスのコンストラクタでsuper()を最初に実行し、その後でプロパティの初期化を行う必要があります。super()が呼び出すDrinkクラスのコンストラクタは具体的な初期化処理を行いませんが、文法上の制約により必ず呼び出さなければならないからです。

インターフェース

 インターフェースとは？

インターフェースは、複数のオブジェクトに共通する「ふるまい」をクラスから抜き出して定義したものです。

書式

```
interface インターフェース名 {...}
```

次のコードは、「歩く」というふるまいをインターフェースとして定義しています。

```
interface IWalkable {
  walk(): void; // public になる
}
```

インターフェースに定義したふるまいは自動的にpublicになります。privateやprotectedなどのアクセス修飾子をつけるとコンパイルエラーになります。

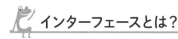 インターフェースの実装

インターフェースをクラスに実装するにはimplementsを使います。次のコードは、「歩く」インターフェースを実装した猫クラスと、猫クラスを継承したペルシャ猫クラスです。

```
class Cat implements IWalkable {
  walk(): void {
```

```
  console.log("猫歩き");
  }
}
class Persian extends Cat {
  ...
}
```

　ペルシャ猫クラスは猫クラスのメソッドを継承しているので、インターフェースの実装を記述する必要はありません。インターフェースの内容が全ての猫に共通するものであれば、スーパークラスに実装するとよいでしょう。
　なお、インターフェースはpublicなので、walkメソッドをprivateやprotectedにすることはできません。

```
class Cat implements IWalkable {
  protected walk(): void { // コンパイルエラー
    console.log("猫歩き");
  }
}
```

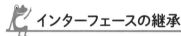 ## インターフェースの継承

　クラスの継承と同様に、extendsを使うとインターフェース同士で継承することができます。

interface インターフェース名 extends インターフェース名 {...}

　「歩く」インターフェースを継承して「走る」インターフェースを定義してみましょう。

```
interface IRunnable extends IWalkable {
  run(): void;
}
```

　猫は歩くだけでなく走ることもできるので、走るインターフェースを実装するように変更します。

```
class Cat implements IRunnable {
 walk(): void {
  console.log("猫歩き");
 }
 run(): void {
  console.log("猫ダッシュ");
 }
}
```

　こうすることで、種類によらず全ての猫がwalkとrunメソッドを持つことを強制することができます。

インターフェースの多重実現

　implementsの後ろにインターフェース名を「,」で区切って並べると、複数のインターフェースをひとつのクラスに実装することができます。

書式

> implements インターフェース名,インターフェース名

　たとえば、「飛び上がる」「眠る」インターフェースを定義したとしましょう。猫はこれら全てのふるまいを備えているので、次のように複数のインターフェースを実装します。

```
class Cat implements IRunnable, IJumpable, ISleepable {
 walk(): void {...}
 run(): void {...}
 jump(): void {...}
 sleep(): void {/* 寝ころんで眠る */}
}
```

一方、鳥のハトは走ったりジャンプしたりしませんが、飛ぶことができます。

```
class Pegion implements IFlyable, ISleepable {
  fly(): void {...}
  sleep(): void {/* 木の枝に止まって寝る */}
}
```

　インターフェースを見れば、そのクラスがどういったふるまいをするのかを（クラスのコードを全部解読しなくても）直感的に理解しやすくなり、プログラムの可読性が高まります。

 ## インターフェースと抽象クラスの違い

　インターフェースも抽象クラスも、具体的な処理内容を記述しないという点では似ていますが、概念に違いがあります。

　インターフェースは共通のふるまいを定義するものなので、全く種類の異なるオブジェクトに対して使うことができます。先ほどの「飛ぶ」インターフェースは鳥だけでなく飛行機や風船など、オブジェクトとしては全く異なるものに対しても使うことができます。

　一方、抽象クラスは共通のグループに属するオブジェクトに対して使います。抽象メソッド「飛ぶ」を持つ鳥クラス（抽象クラス）を継承できるのはハトやインコなど、あくまでも鳥に限られます。飛ぶメソッドを持たせたいからといって、鳥クラスを継承して飛行機クラスや風船クラスを作るのは適切ではありません。

> Point!
> ・ふるまいが同じであれば同じインターフェースを実装できる。
> ・抽象クラスは同種のオブジェクトがもつ共通のふるまいを定義する。

 ## インターフェースによる型注釈

　インターフェースには、メソッドだけでなくプロパティを定義することもできます。次のコードは飲料が持つプロパティを定義したインターフェース

です。

```
interface IDrink {
  name: string; // 名前
  amount: number; // 分量
}
```

　また、インターフェースはimplementsでクラスに実装する以外にも、型注釈として使うことができます。

```
// 水を生成する関数
function createWater(): IDrink {
  return {
    name: "水",
    amount: 1000,
  };
}
// 生成した水をIDrink型に代入
const water: IDrink = createWater();
```

　メソッドを持たないのであれば、型エイリアスでも代用できます。

```
type Drink = {
  name: string; // 名前
  amount: number; // 分量
};
```

クラスの判定

 型の判定

　JavaScript の **typeof** 演算子をクラスのインスタンスに適用すると、"object"（データ型を文字列で表現したもの）が得られます。どのクラスのインスタンスかを判定することはできませんが、その変数が数値や文字列などのプリミティブ型なのかオブジェクト型なのかを大雑把に判定したい場面で使います。

```
const coffee = new Coffee(500);
console.log(typeof coffee === "object"); // -> true
```

　どのクラスのインスタンスなのかを判定したい場合は **instanceof** 演算子を使います。

```
console.log(coffee instanceof Coffee); // -> true
console.log(coffee instanceof Drink); // -> true
```

　サブクラスはスーパークラスを継承しているため、演算子の左辺がサブクラスのインスタンスの場合、右辺にスーパークラスの名前を指定しても判定結果がtrueになります。

　演算子の左辺がスーパークラスのインスタンスの場合は、右辺にサブクラスの名前を指定すると判定結果がfalseになります。

```
const juice = new Drink(350);
console.log(typeof juice === "object"); // -> true
console.log(juice instanceof Coffee); // -> false
```

```
console.log(juice instanceof Drink); // -> true
```

この様子を表したのが次の図です。

instanceof演算子の挙動

　次のコードは、指定されたオブジェクトがCoffeeクラスのインスタンスかどうかを判定する関数です。

```
function isCoffee(drink: Drink): boolean {
  return drink instanceof Coffee;
}
console.log(isCoffee(new Coffee())); // -> true
console.log(isCoffee(new Drink())); // -> false
```

　この関数は引数がスーパークラスのDrink型なので、Drinkクラスのインスタンスだけでなくサブクラスのインスタンスも受け取ることができます。

　次のコードは、サブクラスによって処理の内容が変わる関数です。

```
// 飲み物を注ぐ関数
function pour(drink: Drink): void {
  if (drink instanceof Coffee) {
    // カップに注ぐ
  } else if (drink instanceof Wine) {
    // グラスに注ぐ
```

```
    }
}
```

インターフェースとクラスの関係

　次の図は、脊椎動物の分類をクラスの継承関係で表し、それぞれが持つふるまいをインターフェースとして表したものです。たとえばヒトは哺乳類であり、哺乳類は恒温動物なので、ヒト→哺乳類→恒温動物→脊椎動物という継承関係が成り立ちます。

　また、多くの哺乳類と一部の鳥類（ダチョウなど）は歩くことも走ることもできるので、「歩く」インターフェースを継承した「走る」インターフェースを実装しています。ハトは速足で歩くことがありますが、走るとは言わないので「歩く」を実装しています。

　胎生と卵生の区別については、下から二番目のサブクラス（哺乳類/鳥類/...）で決まっています。たとえば胎生インターフェースはヒトやイヌではなく哺乳類に共通する性質なので、哺乳類クラスが実装するのが適しています。

　なお、図にある動物は皆、生存のためにモノを食べ、眠りますので、これらのインターフェースは脊椎動物クラスが実装します。

動物クラスとインターフェース

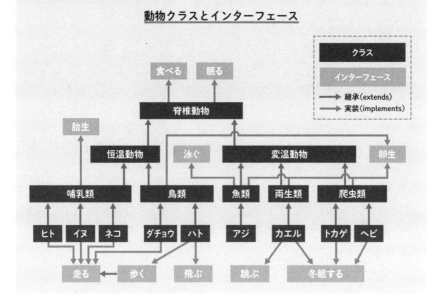

Chapter

04

↓

モジュール

モジュールとは？

 アプリケーションの構成部品

　プログラムにおいて、特定の機能を持ったひとまとまりの構成要素を**モジュール**と呼びます。一般的にモジュールの最小単位はファイルですが、互いに協力して動く複数のプログラムファイル群をまとめたものを指してモジュールと呼ぶ場合もあります。

アプリケーションはモジュールの集合体

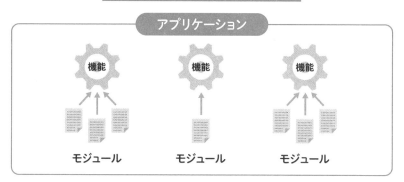

アプリケーション

| 機能 | 機能 | 機能 |

モジュール　　　モジュール　　　モジュール

アプリケーションはモジュール
を組み合わせて作るよ

Point! 👓

アプリケーションは複数の機能を持ち、それぞれの機能はモジュールで構成されます。

モジュール分割のメリット

　アプリケーションが備える機能に注目してモジュールを分割すると、機能単位で開発することができます。複数名での分業体制を敷きやすくなり、不具合が発生した場合の原因調査や影響範囲の特定もやりやすくなります。また、クラスやインターフェースをモジュール化しておくと、継承によって既存のモジュールを再利用できるので、機能追加や修正がやりやすくなるメリットがあります。

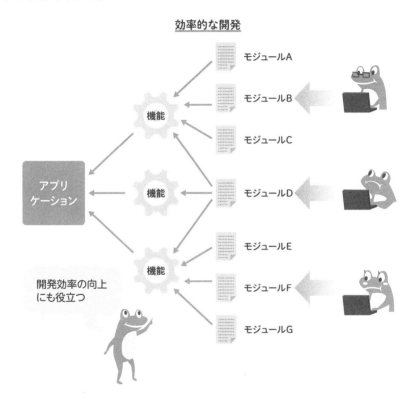

効率的な開発

モジュールA
モジュールB
モジュールC
機能
モジュールD
機能
アプリケーション
モジュールE
機能
モジュールF
モジュールG
開発効率の向上にも役立つ

Point!　　モジュール分割のメリット
・プログラムの構造が把握しやすくなる
・開発の分担や不具合の原因究明がしやすくなる
・コードの再利用がしやすくなる

モジュールの公開方法

エクスポートとインポート

　モジュールを外部プログラムから利用するには、外部に公開したい機能を export（エクスポート）文で指定し、利用したい機能を import（インポート）文で指定します。

export と import の関係

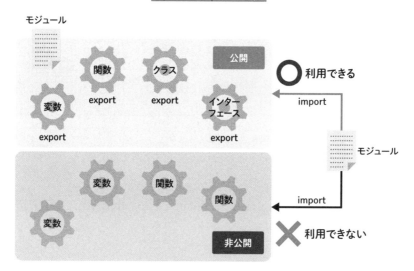

　ここでいう「機能」とは、変数・関数・オブジェクト・クラス・インターフェース・型エイリアスなど、広範囲を指します。

モジュールの公開と利用例

　次のコードは、モジュール foo.ts で宣言した変数を、同じディレクトリにある bar.ts から利用する例です。

●foo.ts（機能を公開する側）

```
export const flavor: string = "いちご味";
```

●bar.ts（機能を利用する側）

```
import { flavor } from "./foo.js";
console.log(flavor); // -> いちご味
```

　export 文と import 文の構文はこのあと詳しく解説していきますが、import 文でモジュールのパスを指定する際、foo.ts ではなく foo.js を指定することに注意しましょう。foo.ts は foo.js へ、bar.ts は bar.js へコンパイルされるので、bar.js から foo.js を利用する形にしなければならないからです。

実行モジュールは js

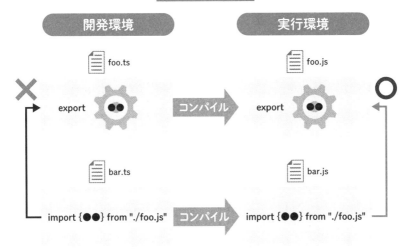

export 文

　機能を公開するには、公開したい機能の前に export をつけます。

```
export const 変数名 : 型注釈 = 値 ; // 変数のエクスポート
export function 関数名（引数）: 型注釈 {...} // 関数のエクスポート
export class クラス名 {...} // クラスのエクスポート
export {...}; // オブジェクトのエクスポート
export interface インターフェース名 {...} // インターフェースのエクスポート
export type 型の別名 = 型定義 ; // 型エイリアスのエクスポート
```

　exportをつけて宣言した機能はモジュールの内外どちらからでも参照できるようになります。exportをつけずに宣言した機能はモジュール内からしか参照できません。

exportの有無による違い

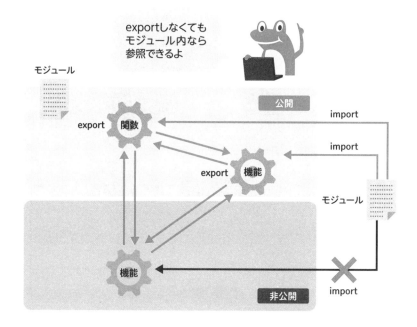

　事前に宣言された機能をエクスポートするときは、{}で囲みます。

```
export { 機能名 };
```

🍑 変数のエクスポート

変数のエクスポートは次のように行います。

```
// 宣言と同時に公開
export let price: number = 150;
export const flavor: string = "いちご味";
```

● 宣言後にエクスポート

```
let price: number = 150;
const flavor: string = "いちご味";
...
export { price, flavor };
```

🍑 関数のエクスポート

関数のエクスポートは次のように行います。

● 宣言と同時にエクスポート

```
export function coffee_break(): void {
  console.log("ちょっと一休み");
}
```

● 宣言後にエクスポート

```
function coffee_break(): void {
  console.log("ちょっと一休み");
}
export { coffee_break };
```

🍑 クラスのエクスポート

クラスのエクスポートは次のように行います。

● 宣言と同時にエクスポート

```
export class Drink {
  ...
```

```
}
```

●宣言後にエクスポート

```
export class Drink {
  ...
}
export { Drink };
```

●インターフェースのエクスポート

インターフェースのエクスポートは次のように行います。

●宣言と同時にエクスポート

```
export interface IRunnable {
  ...
}
```

●宣言後にエクスポート

```
interface IRunnable {
  ...
}
export { IRunnable };
```

●型エイリアスのエクスポート

型エイリアスのエクスポートは次のように行います。

●宣言と同時にエクスポート

```
export type NumberOrNull = number | null;
```

●宣言後にエクスポート

```
type NumberOrNull = number | null;
export { NumberOrNull };
```

● 複数の機能をまとめてエクスポート

外部に公開したい機能が1つのモジュールの中にいくつかある場合、「,」で区切ることでまとめてエクスポートできます。

書式

```
export { 機能名1, 機能名2, 機能名3 };
```

名前付きエクスポートと別名

これまでの例では、モジュール内で定義された機能名を使ってエクスポートしてきました。これを**名前付きエクスポート**と呼びます。**as**キーワードを使うと、同じ機能を別の名前で公開することができます。

書式

```
export { 機能名 as 別名 };
```

たとえば、Doubutsuという動物クラスを外部プログラムにAnimalという機能名で公開したいとき、モジュール内でクラス名をAnimalに修正すると影響範囲が大きく不具合が発生するリスクがあります。そこで、クラスの定義は変更せずにexport文で別名を指定します。

```
// Doubutsuクラスの定義は変更しない
class Doubutsu {
  ...
}
// モジュール内でクラスを使用している箇所も変更しない
const cat = new Doubutsu();
// 公開する名前だけ変更する
export { Doubutsu as Animal };
```

複数の機能をまとめてエクスポートする場合は、別名にしたいものだけasを使います。そのままでよいものはasを使いません。

export { 機能名 1 as 別名 1, 機能名 2, 機能名 3 as 機能名 3 };

 ## デフォルトエクスポート

　モジュールが公開したい機能を 1 つしか含まない場合、**default** というキーワードを指定してエクスポートすると、外部プログラムは任意の名前で機能を利用できるようになります。

export default 機能

　クラスやインターフェースごとにモジュールを分けた場合、次のようにデフォルトエクスポートします。

```
export default class Doubutsu {
  ...
}
```

　実はデフォルトエクスポートは、default という別名の名前付きエクスポートと同じです。

```
class Doubutsu {
  ...
}
export { Doubutsu as default };
```

> **Point!**
> デフォルトエクスポートと名前付きエクスポートの併用は可能ですが、デフォルトエクスポートはモジュール内で 1 つしか使えません。同じモジュールから 2 つ以上の機能をデフォルトエクスポートするとコンパイルエラーになります。

モジュールの読み込み方法

HTMLへの組み込み

コンパイルしたjsモジュールをHTMLに組み込むには、scriptタグにtype="module"をつける必要があります。

書式

```
<script type="module" src="□□□.js"></script>
```

ただし、モジュールの読み込みは外部ファイルへのアクセスに相当するので、ローカル環境（アドレスがfile:///で始まる）ではオリジン間リソース共有エラー（CORSエラー）となり動きません。Chapter01を参考に、XAMPPなどで用意したサーバー環境（http://で始まる）でHTMLページにアクセスしなければなりません。

ローカル環境ではCORSエラーになる

```
❌ Access to script at 'file:///C:/xampp/htdocs/game/develop/dist/app.js'    index.html
   from origin 'null' has been blocked by CORS policy: Cross origin requests are only
   supported for protocol schemes: http, data, isolated-app, chrome-extension, chrome,
   https, chrome-untrusted.
```

import文

公開された機能を外部プログラムに読み込む（インポートする）には、**import**文を使います。import文には、利用したいモジュールの場所（絶対パスか相対パス）と、利用したい機能名を指定します。ただし、その機能が名前付きエクスポートとデフォルトエクスポートのどちらで公開されているかによって、機能名を指定する書き方が少し異なります。

名前付きエクスポートの場合

名前付きでエクスポートされた機能をインポートするときは次のように記述します。{}をつけないとコンパイルエラーになります。

```
import { 機能名 } from "モジュールのパス";
```

fromに指定するパスは、絶対パスで指定するか、インポートするモジュールから見た相対パスで指定します。

デフォルトエクスポートの場合

デフォルトエクスポートされた機能をインポートするときは次のように記述します。{}をつけるとコンパイルエラーになります。

```
import 機能名 from "モジュールのパス";
```

> **Point!** 🐋
> 名前付き機能をインポートするときは{}をつける。
> デフォルト機能をインポートする場合は{}をつけない。

複数の機能をまとめてインポート

インポートしたい機能がいくつかある場合、「,」で区切ることでまとめてインポートできます。

```
import { 機能名1, 機能名2 } from "モジュールのパス";
```

関数がいくつも定義されたモジュールから、特定の関数だけをまとめてインポートする例を示します。

● ./class/util.ts

```
// 関数1
export const func1 = (): void => {...}
// 関数2
```

```
export const func2 = (): void => {...};
// 関数3
export const func3 = (): void => {...};
・・・
```

● ./app.ts

```
import { func1, func2 } from "./class/util.js";
func1();
func2();
func3(); // コンパイルエラー
```

import文で指定していない機能を参照するとコンパイルエラーになります。

名前付き機能のインポート例

Animalという名前でエクスポートされた動物クラスをインポートして、動物オブジェクトを利用する例を示します。

● ./class/animal.ts

```
// 宣言と同時に名前付きエクスポート
export class Animal {...}
```

または

```
// 宣言してから名前付きエクスポート
class Animal {...}
export { Animal };
```

● ./app.ts

```
// Animalという名前の機能（クラス）を読み込む
import { Animal } from "./class/animal.js";
const cat = new Animal();
cat.walk(); // 猫が歩く
```

app.tsにAnimalクラスを定義しているのと実質的に同じです。

```
class Animal {...}
const cat = new Animal();
cat.walk(); // 猫が歩く
```

●別名インポート

公開されている機能名が、インポート側のプログラムで使用している機能名と重なってしまうと、コンパイルエラーになります。

●./class/animal.ts
```
// Animalという名前でエクスポート
export class Animal {...}
```

●./app.ts
```
// Animalという名前の機能（クラス）を読み込む
import { Animal } from "./class/animal.js";
let Animal = "猫"; // 同じ名前の変数が存在するのでエラー
```

エラーになる理由は、最初からapp.tsに次のように記述しているのと実質的に同じだからです。

```
class Animal {...}
let Animal = "猫";
```

クラスや関数の名前には一般的な単語が使われることが多いので、名前の衝突はよくあることです。かといって、animal.tsのexport文を書き換えてしまうと、このモジュールを利用しているモジュールが他にもあった場合、そのモジュールのimport文も変更しなければならず、影響が広範囲に及びます。

このような名前の衝突を回避できるように、公開されている名前を別の名前に変えてインポートする方法が用意されています。export文の別名と同じように、asを使います。

書式

```
import { 機能名 as 別名 } from "モジュールのパス";
```

　複数の機能をまとめてインポートする場合は、別名にしたいものだけasを使います。

書式

```
import { 機能名1 as 別名, 機能名2 } from "モジュールのパス";
```

　別名を使ってさきほどのエラーを解消してみましょう。

● **./app.ts**

```
// AnimalをCreatureという別名でインポート
import { Animal as Creature } from "./class/animal.js";
let Animal = "猫"; // エラーにならない
const cat = new Creature();
```

　別名のおかげで、インポート側のモジュール作成者は自由に名前をつけなおすことができます。

名前の付け替え

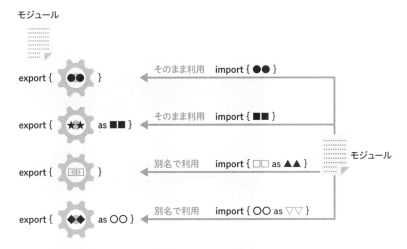

モジュール全体のインポート

*（アスタリスク）を使うと、モジュールが公開している全ての機能をまとめてインポートすることができます。

```
import * as 名前空間 from "モジュールのパス";
```

名前空間の部分には、インポートされる全ての機能を含んだスコープの名前をつけます（名前空間の詳細は137ページを参照）。

次のコードは、animal.tsが公開している全ての機能をMyFamilyという名前空間をつけてインポートする例です。

● ./class/animal.ts

```
class Animal {}
class Cat extends Animal {}
class Dog extends Animal {}
export { Cat, Dog };
export default Animal;
```

● ./app.ts

```
import * as MyFamily from "./class/animal.js";
const cat = new MyFamily.Cat();
const dog = new MyFamily.Dog();
```

インポートした機能を利用するときは、asでつけた名前を使って「MyFamily.機能名」のように記述します。これは、Animalは名前空間という一種のオブジェクトであり、インポートした機能がAnimalオブジェクトのプロパティになることを意味しています。

デフォルトエクスポートと一緒にインポートする場合は、デフォルトエクスポートを先に記述します。

● ./app.ts

```
import Animal, * as MyFamily from "./class/animal.js ";
const animal = new Animal();
```

デフォルト機能のインポート

export defaultで公開された機能には名前がついていないので、インポートする側で名前を指定します。

```
import 機能名 from "モジュールのパス";
```

export defaultで公開された動物クラスを、AnimalではなくCreatureというクラス名に置き換えてインポートする例を示します。

● ./class/animal.ts

```
export default class Animal {...}
```

● ./app.ts

```
import Creature from "./class/animal.js";
const cat = new Creature();
cat.run(); // 猫が走る
```

もちろん、公開モジュール側で定義されているクラス名と同じ名前をつけてインポートすることもできます。

● ./app.ts

```
import Animal from "./class/animal.js";
const cat = new Animal();
cat.run(); // 猫が走る
```

● デフォルト機能の別名インポート

128ページで見たように、デフォルトエクスポートはdefaultという名前付きでエクスポートしているのと同じです。そのため、次のインポートはどちらも同じ意味です。

```
import { default as Creature } from "./class/animal.js";
import Creature from "./class/animal.js";
```

動的インポート

import文とは別に、同じ名前のimport関数があります。import関数を使うと、関数が呼び出されたタイミングでインポートが行われます（動的インポート）。import文はモジュールの読み込みを待機しますが、import関数は非同期に実行されるので、インポートの完了を待ってから次の処理へ進みたい場合はawaitキーワードを併用します。

● ./class/animal.ts

```
export class Animal {
 run() {
  console.log("ダッシュ!");
 }
}
```

● ./app.ts

```
const { Animal } = await import("./class/animal.js");
// インポート完了後にインスタンス生成
const cat = new Animal();
cat.run(); // -> ダッシュ!
```

非同期で実行される関数の前にawaitキーワードをつけると、関数の実行が完了するまでプログラムの実行が一時停止します。

Point! 🐭

import文は、読み込みが終わるまでプログラムが次の行へ進まずに待機する静的インポートです。import関数は、読み込みが終わるのを待たずにプログラムが次の行へ進む動的インポートです。

名前空間

名前の衝突問題

　利用したいモジュールの間で同じ名前の機能が存在する場合、名前の重複を回避するために別名をつけてインポートするのは不便です。

　たとえば惑星に関する情報が収録されたモジュールの中から、地球と太陽の半径を利用する場面を考えてみましょう。地球も太陽も半径をRADIUSという変数名で公開しています。この場合、インポート側で名前を変えなければコンパイルエラーになります。

 ./app.ts

```
// 名前が重複するのでコンパイルエラー
import { RADIUS } from "./planet/earth.js";
import { RADIUS } from "./planet/sun.js";
// コンパイルエラーを回避すると名前が長くなってしまう
import { MOON_RADIUS } from "./planet/earth.js ";
import { SUN_RADIUS } from "./planet/sun.js ";
```

　定数RADIUSはオブジェクトのプロパティではありませんが、名前空間を導入すると、Earth.RADIUS、Sun.RADIUSのように（まるでEarthやSunというオブジェクトがあるかのように）記述することができます。

名前空間の導入

　namespaceを使うと、名前ごとに固有のスコープが与えられます。{}内で定義した機能は同じ名前のスコープ配下に入ることから、**名前空間**と呼ばれます。

```
namespace 名前 {}
```

　地球モジュールに Earth という名前空間を導入し、外部プログラムから名前空間を利用できるようにエクスポートしてみましょう。

● ./planet/earth.ts

```
export namespace Earth { // 名前空間の名前を公開する
  export const RADIUS = 6378.1; // 地球の半径 (km)
}
```

　これを Earth という名前でインポートすると、Earth.RADIUS のように名前空間 Earth のスコープ内で公開されている機能を利用できます。

● ./app.ts

```
import { Earth } from "./planet/earth.js";
console.log(Earth.RADIUS);  // -> 6378.1
```

Point!

名前空間は、変数や関数といったプログラムを構成する部品を同じ名前のグループに入れるスコープのようなものです。名前空間を導入すると、名前の衝突を気にする必要がなくなり、なおかつ、元の機能名をそのまま使えるので、コードの可読性がよくなります。

 ## 名前空間とモジュール統合

　1 つのモジュールに複数の名前空間をまとめて定義することができます。先ほどの地球モジュールと太陽モジュールを 1 つの太陽系モジュールに統合すると次のようになります。

● ./planet/solar.ts

```
// 地球
export namespace Earth {
  export const RADIUS = 6378.1; // 地球の半径 (km)
}
```

```
// 太陽
export namespace Sun {
  export const RADIUS = 696340; // 太陽の半径（km）
}
```

● ./app.ts

```
import { Earth, Sun } from "./planet/solar.js";
console.log(Earth.RADIUS); // -> 6378.1
console.log(Sun.RADIUS); // -> 696340
```

また、名前空間には階層的な名前をつけることができます。

● ./planet/solar.ts

```
export namespace Solar.Sun {
  export const RADIUS = 696340; // 太陽の半径（km）
}
```

こうすると、インポート側で次のように名前をつけることができるので、インポート側で同じ名前の変数を宣言しても名前が衝突しません。

● ./app.ts

```
import { Solar } from "./planet/solar.js";
console.log(Solar.Sun.RADIUS); // -> 696340
const Sun = "日曜日"; // 名前が衝突しない
```

また、名前空間はネストすることもできますが、exportもネストしなくてはならないので、ネストが深くなるようであれば無理に統合せずにモジュールを分けたほうがよいでしょう。

● ./planet/galaxy.ts

```
export namespace Galaxy {
  export namespace Solar {
    export namespace Earth {
      export const RADIUS = 6378.1;
    }
```

```
  }
}
```

● ./app.ts

```
import { Galaxy } from "./planet/galaxy.js";
console.log(Galaxy.Solar.Earth.RADIUS); // -> 6378.1
```

 名前空間とモジュール分割

逆に、同じ名前空間を複数のモジュールに分割することもできます。地球
モジュールの内容を 2 つに分けた場合を考えてみましょう。

● ./planet/solar.ts（惑星に関する情報）

```
export namespace Earth {
  export const RADIUS = 6378.1; // 地球の半径 (km)
}
```

● ./planet/satellite.ts（衛星に関する情報）

```
export namespace Earth {
  export const satellites = ["月"];
}
```

衛星のモジュールだけを扱う場合は問題ありませんが...

● ./app.ts

```
import { Earth } from "./planet/satellite.js";
console.log(Earth.satellites); // -> ["月"]
```

惑星のモジュールも扱う場合は as で別名をつけて名前の衝突を回避する必
要があります。

```
import { Earth } from "./planet/solar.js";
import { Earth as EarthInfo } from "./planet/satellite.js";
console.log(EarthInfo.satellites); // -> ["月"]
```

Chapter

05

その他の機能

ジェネリクス

 様々な型を受け入れる総称型

ジェネリクスは<T>のように記述し、Tに様々な型を受け入れる汎用的な機能（ライブラリなど）を作成するときに使います。次の例は、ジェネリクスを使ってどんな型の値をいくつ渡しても配列にして返す関数です。この関数一つで、あらゆる型の引数に対応できます。

```
function makeArray<T>(...x: T[]): Array<T> {
  return x;
}
```

ジェネリクスを使用した関数を呼び出すときは、関数名の後ろのTに具体的な型の名前を記述します。

```
makeArray<number>(1, 2, 3); // number型
makeArray<string>("A", "B", "C", "D"); // string型
makeArray<Book>(book1, book2, book3); // Bookクラス型
```

<T>のTは型の名前を入れる変数のようなものです。呼び出し時にnumberを指定すれば、コンパイラは残余引数のxと戻り値の配列もnumber型であることを認識します。

ジェネリクスを使わなければ、型ごとに名前が異なる関数をいくつも作らなくてはなりません。しかし、処理内容が全く同じ関数が増えていくとコードの共通化ができず、保守性が低下してしまいます。

```
function makeNumberArray(...x: number[]): Array<number> {
  return x;
}
function makeStringArray(...x: string[]): Array<string> {
  return x;
}
function makeBookArray(...x: Book[]): Array<Book> {
  return x;
}
function makeAnimalArray(...x: Aminal[]): Array<Aminal> {
  return x;
}
```

　ジェネリクスを使えば、さまざまな型に対応した同じ機能を1つにまとめて定義することができます。

ジェネリクスのメリット

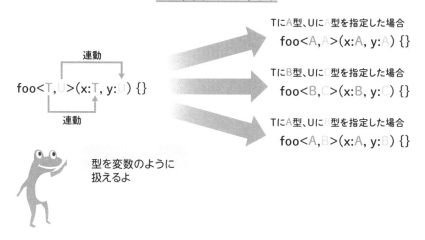

型を変数のように
扱えるよ

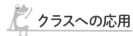 クラスへの応用

Animal クラスを継承した Dog と Cat を考えてみましょう。

```
class Animal {
 walk(): void {
  console.log("お散歩");
 }
}
class Dog extends Animal {}
class Cat extends Animal {}
```

ここに、Dogを歩かせる関数とCatを歩かせる関数があります。

```
function walkDog(dog: Dog): void {
 dog.walk();  // -> お散歩
}
function walkCat(cat: Cat): void {
 cat.walk();  // -> お散歩
}
```

　ジェネリクスを使って2つの関数を1つにまとめると、walkメソッドがコンパイルエラーになります。理由は、TにAnimal（およびAnimalを継承したサブクラス）以外の型が指定された場合にwalkメソッドが存在しないからです。

```
function walkAnimal<T>(animal: T): void {
 animal.walk(); // プロパティ 'walk' は型 'T' に存在しません。
}
```

　そこで、Tに指定できる型をAnimalを継承した型（Animal型自身も含む）に限定するためにextendsを使うと、エラーが解消します。

```
function walkAnimal<T extends Animal>(animal: T): void {
 animal.walk(); // Tは必ずAnimalを継承しているのでOK
}
```

　これで、walkAnimal関数は引数にAnimal型（およびAnimalを継承したサブクラス）ならばどんな動物を指定しても動作する汎用的な関数になりました。

```
const dog = new Dog();
const cat = new Cat();
walkAnimal(dog); // -> お散歩
walkAnimal(cat); // -> お散歩
```

　また、Animalと継承関係にない型をTに指定するとコンパイルエラーになるので、型の安全性も確保されます。

```
class Fish {}  // Animalと継承関係にないクラス
const fish = new Fish();
walkAnimal(fish); // コンパイルエラー
```

　もちろんジェネリクスを使わずに引数の型注釈にスーパークラスの型を記述しても構いません。Dog型もCat型もAnimal型を継承しているからです。

```
function walkAnimal(animal: Animal): void {
  animal.walk();
}
const dog = new Dog();
const cat = new Cat();
walkAnimal(dog); // -> お散歩
walkAnimal(cat); // -> お散歩
```

インターフェースへの応用

　音を出す機能を持つISoundインターフェースを実装したDogクラスとCatクラスを考えてみましょう。

```
interface ISound {
  makeSound(): void;
```

```
}
class Dog implements ISound {
 makeSound(): void {
  console.log("ワン");
 }
}
class Cat implements ISound {
 makeSound(): void {
  console.log("ニャー");
 }
}
```

　音を出す機能を備えたクラス（ISoundインターフェースを実装しているクラス）であれば何でも受け入れる関数は次のように記述できます。

```
function makeSound(obj: ISound): void {
 obj.makeSound();
}
```

　同じことをジェネリクスを使うと次のように記述できます。

```
function makeSound<T extends ISound>(obj: T): void {
 obj.makeSound();
}
```

　DogとCatはスーパークラスを持ちませんが、ISoundインターフェースを実装しているので、インスタンスを関数に渡すことができます。

```
const dog = new Dog();
const cat = new Cat();
makeSound(dog); // -> ワン
makeSound(cat); // -> ニャー
```

　また、ISoundインターフェースをDogクラスが直接実装するのではなく、ISoundインターフェースを実装したスーパークラスや抽象クラスをDogクラスが継承した場合もmakeSound関数は動作します。

```
// 抽象クラス
abstract class Animal implements ISound {
  abstract makeSound(): void;
}
// 具象クラス
class Dog extends Animal {
 // ISoundインターフェースを実装
 makeSound(): void {
  console.log("ワン");
 }
}
const dog = new Dog();
makeSound(dog); // -> ワン
```

　この場合、ジェネリクスの型パラメータTはDog型ですが、DogはAnimalを継承しており、AnimalはISoundを実装しているので、makeSound関数に渡すことができます。

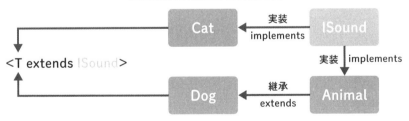

DogとCatはTの要件を満たす

ユーティリティ型

 ユーティリティ型とは？

　ユーティリティ型とは、既存の型を利用して新しい型を作り出すことができるように TypeScript が提供している型です。新規のプログラムで、既存の型を再利用して新しい型を定義したい場面で役立ちます。

ユーティリティ型のイメージ

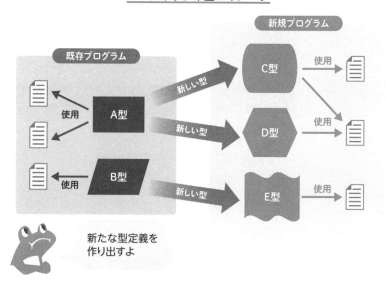

新たな型定義を
作り出すよ

　ユーティリティ型は、様々な型に適用できるようにジェネリクスを使って記述します。ここでは、使用頻度の高いものを解説します。

Partial<T>

　Partial<T>は、T型オブジェクトの全てのプロパティをオプショナル（62
ページ）にした新しい型を作り出します。特定のオブジェクトの任意のプロ
パティを更新したり、任意のプロパティを条件とする検索処理を実装する場
面で役立ちます。

　2つのプロパティを持つ動物オブジェクトの配列animalsがあったとします。

```
type Animal = {
  type: string; // 種類
  age: number; // 年齢
};
// 動物オブジェクトの配列
const animals = [
  { type: "犬", age: 6 },
  { type: "犬", age: 3 },
  { type: "猫", age: 3 },
];
```

　配列animalsの中から、犬だけを検索したり、猫だけを検索したり、ある
いは年齢を条件として検索したりできる汎用的な関数を作るにはどうすれば
よいでしょうか？

```
// 種類で検索する関数
function searchByType(type: string): Animal[] {}
// 年齢で検索する関数
function searchByAge(age: number): Animal[] {}
```

　このようにプロパティごとに関数を用意しなくても、Partialを使うと1つ
の関数にまとめることができます。

```
// 任意のプロパティで検索できる関数
function search(param: Partial<Animal>): Animal[] {
  // 種類で検索した場合 (paramにtypeプロパティが含まれる)
  if ("type" in param) {
```

```
  return animals.filter((obj) => obj.type === param.type);
}
// 年齢で検索した場合（paramにageプロパティが含まれる）
if ("age" in param) {
  return animals.filter((obj) => obj.age === param.age);
}
// 検索条件が指定されなかった場合
return [];
}
```

Partialのおかげで、paramにはAnimal型のプロパティを全部指定する必要がありませんので、汎用的なsearch関数が作れます。

```
console.log(search({}));
// -> []
console.log(search({ type: "犬" }));
// -> [ { type: '犬', age: 6 }, { type: '犬', age: 3 } ]
console.log(search({ age: 3 }));
// -> [ { type: '犬', age: 3 }, { type: '猫', age: 3 } ]
```

Required<T>

Required<T>は、T型の全てのプロパティを必須にした新しい型を作り出します。Partial<T>と逆のイメージです。

名前だけが必須の一般的なユーザー型があったとします。パスワードは必要なときだけ設定すればよいオプショナルプロパティです。

```
// 一般的なユーザー型
type User = {
  name: string; // 名前
  password?: string; // パスワード
};
```

あるシステムに登録するためにパスワードが必ず設定されたユーザー型が欲しいとき、Requiredを使ってUser型を拡張することができます。

```
// システム利用者型
type SystemUser = Required<User>;
```

　すると、SystemUser型のオブジェクトには名前とパスワードが必ず設定されているので、次の関数はプロパティの存在を信じて実装することができます。

```
// システムにユーザーを登録する関数
function registerUser(user: SystemUser): void {
  // 名前とパスワードを登録する処理
}
```

Readonly<T>

　Readonly<T>は、T型の全てのプロパティを読み取り専用にした新しい型を作り出します。例として、学生オブジェクトの配列を引数で受け取り、学生一覧を表示する関数を考えてみましょう。

```
// 学生型
type Student = {
  id: number; // 学籍番号
  name: string; // 名前
};
// 読み取り専用の学生型
type ReadOnlyStudent = Readonly<Student>;
// 学生情報
const list = [
  { id: 1, name: "太郎" },
  { id: 2, name: "次郎" },
];
// 学生一覧を表示する関数
function showList(list: Array<ReadOnlyStudent>): void {
  list.forEach((student) => {
    console.log(student.id, student.name);
    // student.name = undefined; // コンパイルエラー
  });
}
```

引数の配列要素をReadonlyにすると、関数内で誤って学生情報を書き換えてしまう事故を防ぐことができます。

Record<K, T>

Record<K, T>は、Kがプロパティで値がT型となる型（レコード型）を作り出します。

Kをstring、TをPersonにすると、husband（夫）wife（妻）のように任意の文字列をプロパティとし、値にPerson型のオブジェクトを持ったオブジェクトのペアをFamily型として定義できます。

```
// 人型
type Person = {
  name: string;
  age: number;
};
// 家族型
type Family = Record<string, Person>;
// 家族（夫と妻）
const myFamily: Family = {
  husband: { name: "太郎", age: 45 },
  wife: { name: "花子", age: 43 },
};
// 犬の親子（母と子）
const dogFamily: Family = {
  mother: { name: "母犬", age: 7 },
  child: { name: "子犬", age: 1 },
};
```

Pick<T,K>

Pick<T,K>は既存のT型からプロパティKだけを部分的に抜き出した新しい型を作り出します。

例として、ある学校で実施されたテスト結果をResult型として、学生2名のテスト結果を次のように表してみましょう。

```
// テスト結果型
type Result = {
 id: number; // 学籍番号
 name: string; // 名前
 score: number; // 点数
};
// 山田さんと鈴木さんのテスト結果
const yamada: Result = {
 id: 10,
 name: "山田太郎",
 score: 79,
};
const suzuki: Result = {
 id: 11,
 name: "鈴木次郎",
 score: 80,
};
```

　もし、テストの合格点が80点だった場合、テスト結果を受け取って合否の結果を返す関数は次のように実装できます。

```
// 合否を判定する関数
function isPass(result: Result): boolean {
 return result.score >= 80;
}
console.log(isPass(suzuki)); // -> true
```

　ところで、関数isPassはscoreしか参照していないにもかかわらず、呼び出すとき必ずResult型のオブジェクトを用意しなければならないので少し不便です。
　そこで、Pickを使って引数の型を「Result型の中からscoreプロパティだけを抜き出したオブジェクト」に変更すると、scoreプロパティだけを持ったシンプルなオブジェクトを渡せるようになります。

```
function isPass(result: Pick<Result, "score">): boolean {
  return result.score >= 80;
}
console.log(isPass({ score: 80 })); // -> true
```

　複数のプロパティを抜き出したい場合は|で連結します。次の関数は動作
に必要なプロパティだけを受け取ります。

```
type Examinee = Pick<Result, "id" | "name">;
function showExaminee(student: Examinee): void {
  console.log(student.id + ":" + student.name);
}
showExaminee(yamada); // -> 10:山田太郎
```

Omit<T,K>

　Omit<T,K> は既存の T 型から K で指定した一部のプロパティを取り除いた
新しい型を作り出します。Pick と逆のイメージです。
　先ほどの Result 型を利用して、テスト結果を表示する関数を考えてみま
しょう。ただし、学籍番号は表示する必要がありません。

```
// テスト結果を表示する関数
function showResult(result: Result): void {
  console.log("名前:" + result.name);
  console.log("点数:" + result.score);
}
```

　この関数は学籍番号を必要としないので、引数に Result 型から学籍番号を
除外した型を指定できるようにしてみましょう。

```
function showResult(result: Omit<Result, "id">): void {
  console.log("名前:" + result.name);
  console.log("点数:" + result.score);
}
```

複数のプロパティを除外したい場合はプロパティを｜で連結します。

```
type Score = Omit<Result, "id" | "name">;
// テスト結果を表示する関数
function showResult(result: Score): void {
  console.log(" 点数 :" + result.score);
}
```

 ## その他のユーティリティ型

これら以外にも次のようなユーティリティ型があります。

その他のユーティリティ型

ユーティリティ型	作り出される型
Exclude<T,U>	T型のプロパティからU形に存在するプロパティを取り除いた型
Extract<T,U>	T型のプロパティからU形に存在するプロパティだけを残した型
NonNullable<T>	T型からnullとundefinedを取り除いた型
Parameters<T>	型がTである関数の引数をタプル型として取り出した型
ConstructorParameters<T>	T型オブジェクトのコンストラクタの引数をタプル型として取り出した型
ReturnType<T>	型がTである関数の戻り値の型
InstanceType<T>	T型オブジェクトのコンストラクタの戻り値の型（クラスの場合はクラス名）
ThisParameterType<T>	型がTである関数のthisパラメータの型
OmitThisParameter<T>	型がTである関数からthisパラメータを削除した型
ThisType<T>	指定したオブジェクト内でのthisがTを参照することを示す
Uppercase<T>	文字列のリテラル型Tに対し、小文字を大文字に変換した型
Lowercase<T>	文字列のリテラル型Tに対し、大文字を小文字に変換した型
Capitalize<T>	文字列のリテラル型Tに対し、先頭1文字を大文字に変換した型
Uncapitalize<T>	文字列のリテラル型Tに対し、先頭1文字を小文字に変換した型

　たとえばReturnType<T>は、何らかのオブジェクトを返すライブラリ関数を別のパッケージからインポートして利用する際に、戻り値を受け取る変数の型注釈に使うと、ライブラリ関数の仕様変更によって戻り値の型が変わった場合に、変数の型も自動的に変わります。

```
import { createAnimal } from "ライブラリのパス";
// createAnimal関数の戻り値の型で変数を宣言
let animal: ReturnType<typeof createAnimal>;
// 動物を生成
animal = createAnimal();
```

createAnimal関数の戻り値がAnimal型からCreature型に変わった場合、変数animalの型を書き直す修正をしなくて済みます。

ユーティリティ型でクラスのふるまいを制限する

次の例は、犬を走らないように散歩させる様子を表したものです。

```
class Dog {
  walk(): void {} // 歩く
  run(): void {} // 走る
}
// 絶対に走らない散歩
function forceWalking(animal: Omit<Dog, "run">) {
  //animal.run();  コンパイルエラー
  animal.walk();
}
// 犬を散歩に連れていく
const myDog = new Dog();
forceWalking(myDog);
```

myDogはrunメソッドを持っていますが、forceWalking関数の引数はDog型からrunプロパティ（つまりrunメソッド）を取り除いた型です。そのため、関数内でrunメソッドを呼び出すとコンパイルエラーになり、走ることが禁止されます。

クラスのメソッドはオブジェクトとして見るとプロパティです。そのため、PartialやOmit、Pickなどといったユーティリティ型を使ってメソッドに制約を課すと、インスタンスが持っている機能が場面に応じて制限され、その場面で実行する必要のないメソッドが誤って実行されることを未然に防ぐことができます。

Chapter

06

放置型シューティングゲーム
（設計）

ゲームのルール

 放置型2Dシューティングゲーム

　これから開発するアプリケーションは、ブラウザで動作する強制縦スクロールの2Dシューティングゲームです。

ゲーム画面

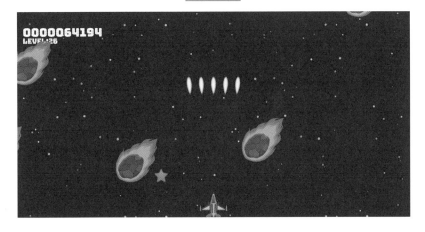

　キーボードで自機を操作して、落ちてくる隕石に弾を当てるとスコアが大きく加算され、スコアが一定値を超えると自機のレベルが上がります。スコアは放置していても増えていくので、見ているだけでもゲームは進行します。

 自機の操作

　自機はキーボードの矢印キー（←↑→↓）または矢印キーに対応した数字のキー（4,8,6,2）で操作します。キーを押している間は、その方向へ一定の速度で移動します。加速や減速はしません。また、弾は自動で発射し、自機と隕石の衝突判定は行いません。

スコアとレベルの増え方

画面左上にスコアと自機のレベルを表示します。スコアは0から始まり、次のタイミングで加算されます。

- **時間が経過したとき（0.05秒ごとに1点）**
- **隕石に弾を当てたとき（100点）**
- **自機が流星と接触したとき（次のレベルまでに必要な点数）**

レベルは1から始まり、次にレベルが上がるまでに必要なスコアは次式に従います（レベルの累乗に比例して増加）。

必要スコア＝現在レベル＊現在レベル＊100

スコアとレベルの関係

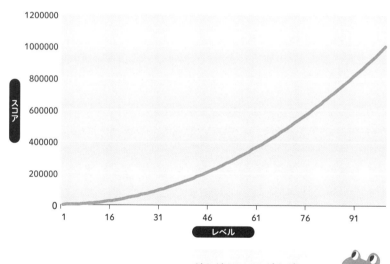

だんだんレベルが上がり
にくくなっていくよ

弾の自動発射とパワーアップ

　弾は自機から1秒ごとに自動で発射され、ゆっくり加速しながら画面の外側まで移動するか隕石と接触すると消滅します。また、自機のレベルが上がると弾の同時発射数が増えます。

- ・レベル4までは1発ずつ
- ・レベル5〜9までは2発ずつ
- ・レベル10〜19までは3発ずつ
- ・レベル20〜49までは5発ずつ
- ・レベル50以上は7発ずつ

　弾には強度があり、強い弾ほど隕石を破壊しやすくなります。弾の強度は自機のレベルに応じて次式で決定します。

　弾の強度＝現在レベルの1.3乗

　強度は最大でも1000までしか増えないようにします。また、強度に応じて弾の色が12パターンに変化するようにします。

弾とレベルの関係

1Way	2Way	3Way	5Way	7Way
レベル1〜4	レベル5〜9	レベル10〜19	レベル20〜49	レベル50〜

　さらに、自機のレベルが上がると弾が発射される間隔が次式に従って短くなっていきます。

　発射間隔（ミリ秒）＝ 1000 - 現在レベル

レベル500まで上がると1秒に2回（7発×2回＝14発）になります。際限なく短くなるとゲームバランスが崩れるので、最小でも100ミリ秒までしか変化しないものとします。

隕石の出現と強度

隕石は2秒ごとに画面上部から自動で出現し、少しだけ加速しながら斜めに降ってきます。

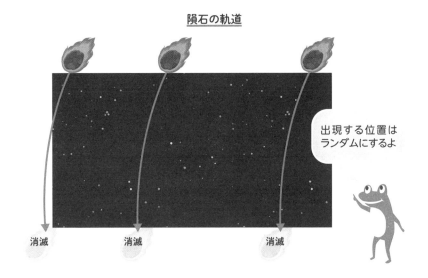

隕石の軌道

出現する位置はランダムにするよ

消滅　　消滅　　消滅

隕石には強度（硬さ）があり、当てた弾の強度だけ隕石の強度が減り、隕石が小さくなっていきます。そして、強度が0になるか画面の外側まで移動すると消滅します。たとえば強度10の隕石は強度3の弾を4発当てると消滅します。強度は次式に従って増えていきます。

隕石の強度＝現在レベルの1.5乗

弾の強度の式と比べると隕石のほうが指数が大きいので、レベルが上がれば上がるほど隕石が壊れにくくなっていきます。しかし、レベルが上がると弾の同時発射数が増え、発射間隔が短くなっていくので、適度にバランスが保たれます。

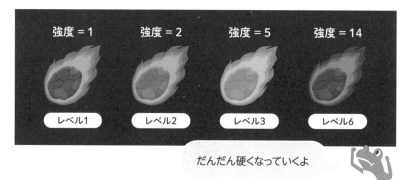

隕石とレベルの関係

強度 = 1　強度 = 2　強度 = 5　強度 = 14

レベル1　レベル2　レベル3　レベル6

だんだん硬くなっていくよ

　強度は最大でも5000までしか増えないようにします。また、弾と同様に、強度に応じて隕石の色が12パターンに変化するようにします。隕石が出現する間隔は次式に従って短くなっていきます。

> 出現間隔（ミリ秒）= 2000 −（現在レベル＊100）

　出現間隔は最小でも500ミリ秒までしか減らないようにします。そうすると、レベル15以降は1秒に2個のペースで隕石が出現することになります。

流星の出現と取得効果

　★の形をした流星は5秒ごとに画面の端から自動で出現し、点滅しながら加速をつけて反対側へと流れ去っていきます。左右どちらから出現するかはランダム（50パーセントの確率）とします。画面の外側まで移動するか、自機と接触すると消滅します。ただし、あまり下側から出現すると自機が追い付けないので、画面の上端から500pxの範囲内に出現することとします。

　また、自機が流星と接触（取得）すると、次のレベルに上がるために必要なスコアを一気に獲得してレベルが上がります。自機を操作して積極的に流星を取得すれば、放置するよりも早くレベルが上がります。

流星の軌道

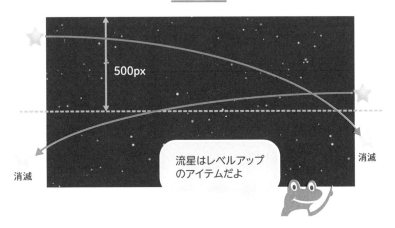

500px

流星はレベルアップ
のアイテムだよ

消滅

消滅

 ## スコアの自動保存

　ゲームの進行状況は、ウェブストレージの一種であるlocalStorageを利用
して、リアルタイムでブラウザに保存します。保存するデータは「スコア」
「レベル」「弾の発射間隔」「隕石の出現間隔」の4つです。

　保存したデータはアプリケーション起動時に読み込んで復元します。
localStorageはブラウザを閉じると破棄されるSessionStorageと違って保存
期間の制限がありません。そのため、アプリケーションを終了しても次に起
動すると続きをプレイすることができます。

● ウェブストレージの概要

　HTML4.1以前のブラウザで使用されていたCookie（クッキー）は保存容
量の制限（4KBまで）がありましたが、HTML5ではCookieに代わってWeb
Storage（ウェブストレージ）が利用できます。Web Storageはキーと値のペ
アでデータを保存する機能で、保存容量が大きく（5MBまで）、データの有
効期限もありません。Cookieの後継技術と言えます。

ゲームに登場するオブジェクト

オブジェクトの洗い出し

作成するモジュールを決定するために、ゲームに登場するオブジェクトを洗い出しましょう。ゲームの画面からいくつかのオブジェクトが見つかります。

目に見えるオブジェクト

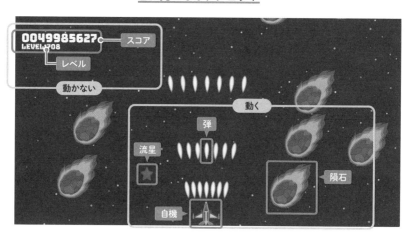

自機、弾、流星、隕石（動くオブジェクト）と、スコアとレベル（動かないオブジェクト）です。また、これらを配置する画面全体もオブジェクトとみなすことができます。

●その他のオブジェクト

自機を動かすためにはキーボードからの入力を検知する機能が必要です。また、これらのオブジェクトの生成と消滅を管理し、ゲームの進行を制御す

るメインプログラムもオブジェクトとみなすことができます。

●オブジェクトの名前

　以上を整理して、次のようにオブジェクトに名前をつけることにしましょう。後にクラスや型の名前になります。

オブジェクトの一覧

これらのオブジェクトの多くは位置や速度などといったプロパティを持ち、移動や描画、生成、消滅といった機能を持つことから、クラスとして実装するのが適しています。

　そのためには各オブジェクトが持つべきプロパティとメソッドを洗い出し、継承関係やインターフェースを見つけ出すことが重要です。

> Point! 🐛　**クラス設計のコツ**
> クラス設計のコツは、いきなりソースコードを書き始めるのではなく、ひとつひとつのオブジェクトが持つ性質を言葉で書き表し、その中からプロパティにするべきものとメソッドにするべきものを判断していくことです。

 ## スクリーン（Screen）

　スクリーンは画面のサイズ（縦幅と横幅）をプロパティに持ちます。これらのプロパティは、キーボードで自機を動かすとき画面の枠を越えないように

制御したり、自動で動く弾や隕石が画面の表示領域の外に消えたかどうかを
判定する際に参照します。

スクリーンオブジェクト

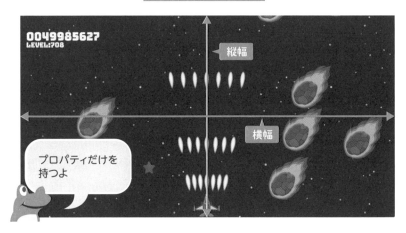

●オブジェクトのメソッド

スクリーン自体は動くことがなく、他のオブジェクトとの相互作用もありませんので、メソッドは持ちません。

自機（Player）

自機は、サイズ（縦幅と横幅）、画面内での位置、速度、そして自機を動かすためのキー入力を一定時間ごとに監視するタイマーのIDをプロパティに持ちます。自機を動かす際にキーボードオブジェクトを頻繁に参照するので、これもプロパティの候補です。自機の画像を表示するHTML要素（imgタグ）も自機のプロパティと言えます。

●オブジェクトのメソッド

自機は自分の座標を更新するメソッドを持ち、一定時間ごとに自動で呼び出されるようにタイマーのイベントハンドラに割り当てます。このイベントハンドラの中でキー入力を監視して移動/加速/停止などといった移動処理を行い、その後に描画メソッドを呼び出して移動後の位置に移動します。

弾(Shot)

　弾は、160ページの計算式で求める強度と、速度、そして描画位置を更新するタイマーIDをプロパティに持ちます。また、発射後に自動で加速しながら移動しますので、速度とは別に加速度もプロパティになります。加速度を0よりも大きくすれば速度が徐々に増加し、加速度を0にすれば一定の速度で移動するオブジェクトになります。

自機と弾

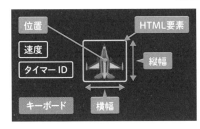
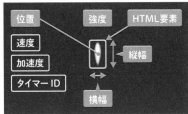

● 移動距離の計算式

　物理法則により、オブジェクトの移動距離と速度と加速度の間には次の関係が成立します。

速度の増加量＝加速度 ——— ①	
移動距離の増加量＝速度 ——— ②	

加速度・速度・移動距離の関係

【加速度=0の場合】

時間	0	→ 1	→ 2	→ 3
加速度	0	+0　0	+0　0	+0　0
速度	10	→10	→10	→10
移動距離	0	+10　10	+10　20	+10　30

【加速度=3の場合】

時間	0	→ 1	→ 2	→ 3
加速度	3	+3　3	+3　3	+3　3
速度	10	→13	→16	→19
移動距離	0	+10　10	+13　23	+16　39

> **Point!**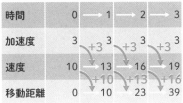
>
> 速度は移動距離の増加量であり、加速度は速度の増加量です。加速度と移動距離の間に直接的な関係はなく、加速によって速度が増えた結果、移動距離の増加が速くなっていくと考えます。

**オブジェクトのメソッド**

　弾も自機と同じメソッドを持ちます。自機との違いは、自動で位置を更新することです。位置を更新するメソッドの中で①式を使って速度を更新し、更新後の速度を使って②式から移動後の位置を求めます。

流星(Comet)

　流星のプロパティは、強度を持たない点を除くと弾と全く同じです。速度が徐々に増加するように加速度を使います。

**オブジェクトのメソッド**

　流星も自機と同じメソッドを持ちます。座標を更新する手順は弾と全く同じです。

隕石(Meteo)

　隕石のプロパティは弾オブジェクトと全く同じですが、強度の計算は161ページの式で行います。

●**オブジェクトのメソッド**

　隕石も自機と同じメソッドを持ちます。座標を更新する手順は弾と全く同じです。

流星と隕石

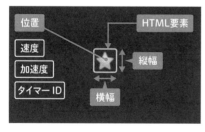 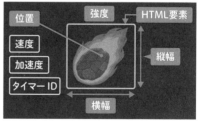

キーボード(Keyboard)

　キーボードからの入力を自機の移動に反映するためには、ブラウザの

keydown / keyup イベントを監視して、キーの状態 (押されている / 押されていない)をプログラムに保持しておく必要があります。

　そのため、キーボードはキーの状態をプロパティに持ちます。次の図のようにキーごとに状態 (ON / OFF) を持たせることで、複数のキーを同時に押した場合にも対応できます。

キーボードの状態監視

↑キーの状態 …　ON　OFF
→キーの状態 …　ON　OFF
↓キーの状態 …　ON　OFF
←キーの状態 …　ON　OFF

キーの状態

↑と→が同時に押されて
いる状態を表すよ

● オブジェクトのメソッド

　キーボードはキー入力の監視を開始するためのイベントハンドラ設定メソッドを持ちます。イベントハンドラの設定は最初に一回だけ行えばよいので、キーボードのインスタンスが生成されたときにコンストラクタからメソッドを呼び出せばよいでしょう。

　なお、イベントハンドラの設定はJavaScriptのdocument.addEventListener関数を使います。

スコアとレベル(Score / Level)

　この2つのオブジェクトは動かないので、速度と加速度を持ちません。その代わり、表示する内容が変化していくので、テキストに関する情報をプロパティに持ちます。具体的には書体 (フォントの種類)、文字サイズ、テキストの内容の3つです。

　また、これらのオブジェクトは他のオブジェクトと衝突判定を行わないので、サイズはプロパティに持たせません。

●オブジェクトのメソッド

これらのオブジェクトは描画メソッドを持ちます。動かないので座標更新メソッドは持ちません。

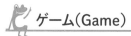

ゲーム（Game）

ゲームオブジェクトは、ゲームの進行に必要なオブジェクト（自機や弾、隕石など）と、それぞれのオブジェクトを自動で動かすためのタイマー IDをプロパティに持ち、ゲームの進行を制御するメインプログラムを実行します。タイマーは次の4つが必要です。

①自機や弾など動くオブジェクトの座標更新メソッドを呼び出し続けるタイマー
②弾を自動で発射する処理を呼び出し続けるタイマー
③隕石を自動で生成する処理を呼び出し続けるタイマー
④流星を自動で生成する処理を呼び出し続けるタイマー

①と④のタイマーは一定の間隔で実行し、②と③のタイマーは160ページと162ページの式に従って徐々に間隔を短くしながら実行します。

●オブジェクトのメソッド

ゲームオブジェクトは次のメソッドを持ちます。

・ゲームを開始する初期化メソッド（コンストラクタ）
・①～④のタイマーに割り当てるイベントハンドラ
・スコアを加算するメソッド

- ・レベルを加算するメソッド
- ・動くオブジェクトが画面外に出たかどうか判定するメソッド
- ・自機と流星、弾と隕石の衝突判定を行うメソッド
- ・弾、隕石、流星を生成するメソッド
- ・ゲームの状態を保存するメソッド
- ・保存したデータをロードする（読み込む）メソッド

これで必要なオブジェクトが全て洗い出せました。

オブジェクトの一覧

オブジェクト	説明
スクリーン（Screen）	ゲームの描画領域を表すオブジェクト
自機（Player）	自機を表すオブジェクト
弾（Shot）	自機から発射される弾を表すオブジェクト
流星（Comet）	流星を表すオブジェクト
隕石（Meteo）	隕石を表すオブジェクト
キーボード（Keyboard）	キーボードからの入力を監視するオブジェクト
スコア（Score）	スコアの表示領域を表すオブジェクト
レベル（Level）	レベルの表示領域を表すオブジェクト
ゲーム（Game）	ゲームの進行を制御するオブジェクト

これらを元に設計を
進めていくよ

　これらのオブジェクトの間には「サイズ」「位置」「速度」といった共通点や、「動く」「動かない」といった相違点があります。次に、こういった性質に注目してインターフェースやクラスの継承関係を決めていきましょう。

インターフェース設計

 性質によるオブジェクトの分類

　ゲームに登場するオブジェクトの多くは、「動くオブジェクト」と「テキストを表示するオブジェクト」に分類できます。動くオブジェクトは移動、加速、停止といった機能（メソッド）を持ち、テキストを表示するオブジェクトは書体や文字サイズなどの属性（プロパティ）を持ちます。このように複数のオブジェクトに共通する性質はインターフェースとして定義し、クラスがインターフェースを実装（implements）するとプログラムの柔軟性が高まります。

2つのインターフェース

 動くインターフェース

　動くインターフェースは、インターフェースであることを表す接頭辞「I」に、動く（move）と「〜することができる」（〜 able）を連結してIMovableと名付けます。

　IMovableは移動、加速、停止の3つのメソッドを持つインターフェースとします。IMovableインターフェースを実装するクラスは、この3つのメソッドを実装することを強制されるので、誰がクラスを実装しても必ずメソッド名や引数の有無が同じになります。

IMovable インターフェース

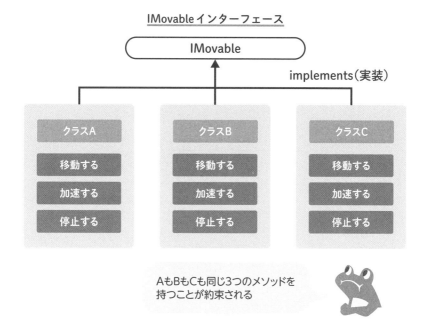

AもBもCも同じ3つのメソッドを
持つことが約束される

IMovable インターフェースを実装したクラスを作成しなければならないオ
ブジェクトは以下の4つです。

・自機オブジェクト
・弾オブジェクト
・流星オブジェクト
・隕石オブジェクト

　これらのうち、当アプリケーションではキーボードで自機を操作するた
め、自機オブジェクトは加速しませんが、加速できる能力を備えていないと
「動くオブジェクト」としては不完全です。もしも、自機が自動で動く仕様に
した場合は加速できる能力が必要になるからです。使わない能力はメソッド
の実装を空にして（何も処理を記述しない）おけばよいのです。
　同じ理由で、停止メソッドを必要とするオブジェクトはありませんが、停
止ができなければ「動くオブジェクト」としては不完全なので、4つとも
IMovable インターフェースを実装することにします。

テキストインターフェース

　テキストインターフェースは、インターフェースであることを表す接頭辞「I」にテキスト（text）を連結してITextと名付けます。ITextは書体、文字サイズ、テキストの内容の3つのプロパティを持ちます。テキストは動かないのでITextはメソッドを持ちません。

ITextインターフェース

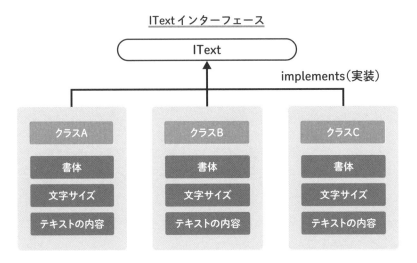

　ITextインターフェースを実装したクラスを作成しなければならないオブジェクトは以下の2つです。

・スコアオブジェクト
・レベルオブジェクト

 インターフェースと継承の比較

　複数のオブジェクトに共通する性質はインターフェースではなくスーパークラスとして実装することも可能ですが、後から機能を追加したくなったときに不都合が生じます。

　右の図は、IMovableとITextをインターフェースではなくMovableクラスとTextクラスにした様子を表しています。自機クラスは①を継承することによって動くことができますが、自機の下にプレイヤーの名前を表示する

（Textクラスの性質を追加する）ことになったらどうすればよいでしょうか？

どちらが好ましいでしょうか？

自機に❷の性質を追加したいときどうする？

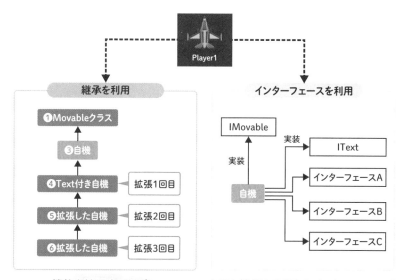

機能を拡張するたびに中間クラスが増えて管理が複雑になる　　必要な機能を定義したインターフェースをいくつでも多重実現することが可能

　クラスは多重継承（①と②を同時に継承）ができないので、図のように自分自身のクラス③を継承したサブクラス④を作成して、④に②の機能を実装することになります。この方針だと、機能を拡張するたびにサブクラスが⑤⑥のように増えていき、継承関係が複雑になってしまいます。

　一方、インターフェースは多重実現（113ページ）できるので、必要以上にサブクラスを増やすことなく機能を拡張できます。

```
class Player implements IMovable, IText {}
```

次のコードは、②の機能に加えて、自機が隕石を避けて自動で動くオート
パイロット機能を実装する場合の考え方です。

● オートパイロットのインターフェース

```
export default interface IAutopilot {
  automove(): void; // 自動操縦
}
```

● 自機クラス

```
class Player implements IMovable, IAutopilot, IText {
  /* IText の実装 */
  _fontName: string; // 書体
  _fontSize: number; // 文字サイズ
  _text: string; // テキストの内容
  // コンストラクタ
  constructor(params: IText) {
    this._fontName = params._fontName;
    this._fontSize = params._fontSize;
    this._text = params._text;
  }
  /* IMovable の実装 */
  move(): void {} // 移動
  accelerate(): void {} // 加速
  stop(): void { } // 停止
  /* IAutopilot の実装 */
  automove(): void {} // 自動操縦
}
```

Chapter06

クラス設計

 クラスの継承関係

インターフェースで定義しなかったプロパティにも、多くのオブジェクトに共通するものがあります。HTML要素、位置、サイズ、タイマーIDの4つです。これらはいずれのインターフェースにもありませんが、ゲームの画面に表示する多くのオブジェクトが持つプロパティです。これらのプロパティはスーパークラスに持たせて、各クラスに継承させることにしましょう。スーパークラスの名前をGameObjectとして、クラスの継承とインターフェースの実装関係を表すと次のようになります。

継承と実装の関係（改善前）

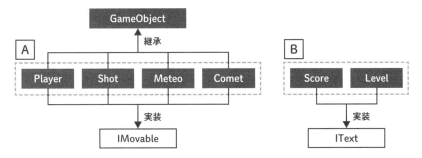

AのクラスとBのクラスがそれぞれIMovableとITextを実装するグループですが、複数のクラスに同じ実装が何度も登場するとソースコードがやや冗長になります。よく見ると、GameObjectを継承するクラスは、IMovableを実装するクラスとITextを実装するクラスのどちらかに分類されますので、AとBそれぞれにスーパークラスを用意して、スーパークラスがIMovableとITextを実装すれば、インターフェースを実装するソースコードをスーパークラスに集約できます。このことを反映すると次のようになります。

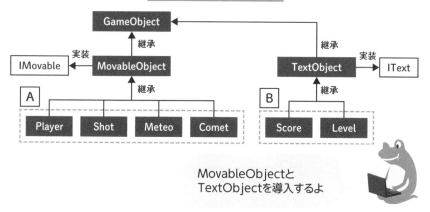

継承と実装の関係（改善後）

MovableObjectと
TextObjectを導入するよ

つまり、IMovableを実装したMovableObjectクラスとITextを実装したTextObjectクラスをGameObjectのサブクラスにするということです。こうすれば、インターフェースの具体的な実装は基本的にMovableObjectとTextObjectに任せ、例外的に実装を変更したいクラスがあればAやBのクラスでスーパークラスの実装を再定義（オーバーライド）すればよく、仕様変更に対する柔軟性が生まれます。

インターフェースのプロパティとメソッド

インターフェースのプロパティやメソッドを次のように決めます。

IMovableインターフェースのメソッド

メソッド名	引数	戻り値	説明
move	無し	無し	移動（オブジェクトの座標を更新する）
accelerate	無し	無し	加速（オブジェクトの速度を更新する）
stop	無し	無し	停止（オブジェクトの速度と加速度を0にする）

プロパティは
持たないよ

IText インターフェースのプロパティ

プロパティ名	型	説明
_fontName	string	書体（CSSのfont-familyを指定する）
_fontSize	number	文字サイズ（CSSのfont-sizeを指定する）
_text	string	テキストの内容

メソッドは持
たないよ

　プロパティはアクセサ（getter / setter）と名前が重複しないように、変数名の先頭にアンダースコア「_」をつけることにします。

> **Point!** 　**インターフェースのプロパティは public**
> 本来インターフェースはメソッド（オブジェクトのふるまい）を定義するものなので、プロパティを定義するとスコープは public になります。インターフェースを実装するクラス側で readonly を使うなどして誤った代入を防ぎましょう。

 ## クラスのプロパティとメソッド

　クラスのプロパティやメソッドを次のように決めます。

GameObject クラスのプロパティとメソッド

プロパティ名	型	説明
_element	HTMLElement	HTML要素（readonly）
_size	Size	サイズ（横幅と縦幅）（readonly）
_position	Point2D	位置（x座標とy座標）
_timerId	number	自身の状態を一定間隔で更新するタイマーのID（readonly）

メソッド名	引数	戻り値	説明
draw	無し	無し	オブジェクトを現在の位置に描画する
update	無し	無し	オブジェクトの状態を更新する
dispose	無し	無し	オブジェクトを削除する

Point2D型を
導入するよ

Point2DとSizeは{x:number,y:number}のオブジェクト型で表される型エイリアスです。2D平面上の点の座標や、横幅と縦幅のように2つの数値をセットで管理できると便利なので導入します。

　drawは現在の位置にオブジェクトを描画するメソッドです。updateはdrawメソッドを呼び出して画面にオブジェクトを描画するメソッドで、自分のタイマーによって一定時間ごとに繰り返し実行します。disposeは弾や隕石など画面外に移動すると消滅しなければならないオブジェクトをプログラムから削除するためのメソッドです。具体的には次の①②を行います。

---

①オブジェクトのインスタンスをプログラムから削除する
②オブジェクトのHTML要素をDOMツリーから削除する

MovableObjectクラスのプロパティとメソッド

プロパティ名	型	説明
_element	HTMLElement	GameObjectクラスから継承
_size	Size	GameObjectクラスから継承
_position	Point2D	GameObjectクラスから継承
_timerId	number	GameObjectクラスから継承
_velocity	Point2D	速度（x成分とy成分）
_acceleration	Point2D	加速度（x成分とy成分）

メソッド名	説明
move	IMovableインターフェースの実装
accelerate	IMovableインターフェースの実装
stop	IMovableインターフェースの実装
update	GameObjectクラスから継承してオーバーライド

updateメソッドをオーバーライドするよ

　MovableObjectクラスはGameObjectクラスを継承してIMovableインターフェースを実装しますが、移動関連のメソッドを実装するためには速度と加速度をオブジェクトが保持しておく必要があります。そのため、新たに速度と加速度をプロパティに追加します。

　また、updateメソッドはスーパークラスのGameObjectから継承しますが、GameObjectクラスのupdateメソッドは現在の位置に描画する処理しか

行わないので、動きません。そのため、MovableObjectクラスでupdateメソッドをオーバーライドして、次の①②③を行います。

---

①accelerateメソッドを実行して加速する（速度を更新する）

②moveメソッドを実行して移動する（位置を更新する）

③スーパークラスのupdateメソッドを実行して描画を更新する

これで、MovableObjectクラスは自らのタイマーで繰り返し呼び出されるupdateメソッドによって自動的に移動します。

TextObjectクラスのプロパティとメソッド

プロパティ名	型	説明
_element	HTMLElement	GameObjectクラスから継承
_size	Size	GameObjectクラスから継承
_position	Point2D	GameObjectクラスから継承
_timerId	number	GameObjectクラスから継承
_fontName	string	ITextインターフェースの実装（readonly）
_fontSize	number	ITextインターフェースの実装（readonly）
_text	string	ITextインターフェースの実装

メソッド名	説明
draw	GameObjectクラスから継承してオーバーライド

drawメソッドをオーバーライドするよ

　TextObjectクラスはGameObjectクラスを継承してITextインターフェースを実装しますが、インターフェースのプロパティはスコープがpublicになります。書体と文字サイズはインスタンス生成後に変更されてはいけないので、外部から直接書き換えできないようにプロパティにreadonlyをつけて保護します。

　また、drawメソッドはスーパークラスのGameObjectから継承しますが、GameObjectクラスのdrawメソッドは現在の位置にオブジェクトを配置する処理しか行わないので、書体やテキストの内容は反映されません。そのため、TextObjectクラスでdrawメソッドをオーバーライドして、次の①②③④を行います。

①HTML要素のスタイルにプロパティの_fontFamilyを反映する

②HTML要素のスタイルにプロパティの_fontSizeを反映する

③HTML要素のテキストにプロパティの_textを反映する

④スーパークラスのdrawメソッドを実行して描画を更新する

　これで、TextObjectクラスは自らのタイマーで繰り返し呼び出される updateメソッドからdrawメソッドが呼び出され、テキストの内容が画面に反映されます。

Playerクラスのプロパティとメソッド

プロパティ名	型	説明
_element	HTMLElement	GameObjectクラスから継承 (readonly)
_size	Size	GameObjectクラスから継承 (readonly)
_position	Point2D	GameObjectクラスから継承
_timerId	number	GameObjectクラスから継承 (readonly)
_velocity	Point2D	MovableObjectクラスから継承
_acceleration	Point2D	MovableObjectクラスから継承
_speed	number	速さ
_keyboard	Keyboard	キー入力監視用 (readonly)

メソッド名	説明
move	MovableObjectクラスから継承してオーバーライド

moveメソッドをオーバー
ライドするよ

　Playerクラスは、MovableObjectクラス（GameObjectのサブクラス）を継承します。Playerクラス独自のプロパティは速さ（_speed）とキー入力監視用のオブジェクト（_keyboard）だけで、他はスーパークラスから継承したものばかりです。

　速さ（_speed）は、入力されたキーの方向へ速度（_velocity）の値を変更する際に使用します。例えば_speedが20のときに↑キーを押すと、速度の垂直成分（Y成分）を20に設定します。すると、自身のタイマーイベントが発生するたびに位置の垂直成分（Y成分）が上に20ずつ増えていくので、自機が上へ移動します。他の方向キーを押した場合も同様に、押されたキーの方向へ速度（_velocity）の成分を更新します。この処理を、オーバーライドした

moveメソッドの中で行うことで、181ページの②が自機オブジェクト独自の挙動（キー入力で位置が変わる）になります。

　なお、加速度（_acceleration）はMovableObjectクラスから自動的に継承されますが、自機は加速しないため使いません。

Shotクラスのプロパティとメソッド

プロパティ名	型	説明
_element	HTMLElement	GameObjectクラスから継承
_size	Size	GameObjectクラスから継承
_position	Point2D	GameObjectクラスから継承
_timerId	number	GameObjectクラスから継承
_fontName	string	ITextインターフェースの実装（readonly）
_fontSize	number	ITextインターフェースの実装（readonly）
_text	string	ITextインターフェースの実装

メソッド名	説明
draw	GameObjectクラスから継承してオーバーライド

drawメソッドをオーバー
ライドするよ

　Shotクラスの継承関係はPlayerクラスと同じです。唯一の独自プロパティである弾の強度（_power）の値は、弾オブジェクトを生成するとき160ページの計算式に従って設定します。

　また、弾の色を160ページの仕様に従って12パターンに変化させるために、drawメソッドをオーバーライドして弾クラス独自の描画処理を実装します。具体的には、弾の強度（_power）を12で割った余り（0〜11の12パターン）に応じて、CSSで画像の色相環を回転させます。

色相環

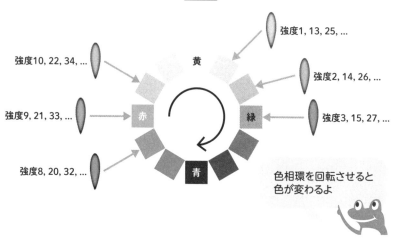

強度1, 13, 25, …

強度10, 22, 34, …

黄

強度2, 14, 26, …

強度9, 21, 33, …

赤　緑

強度3, 15, 27, …

青

強度8, 20, 32, …

色相環を回転させると
色が変わるよ

Meteo クラスのプロパティとメソッド

プロパティ名	型	説明
_element	HTMLElement	GameObject クラスから継承（readonly）
_size	Size	GameObject クラスから継承（readonly）
_position	Point2D	GameObject クラスから継承
_timerId	number	GameObject クラスから継承（readonly）
_velocity	Point2D	MovableObject クラスから継承
_acceleration	Point2D	MovableObject クラスから継承
_power	number	現在の強度（readonly）
_initial_power	number	強度の初期値（readonly）

メソッド名	説明
draw	GameObject クラスから継承してオーバーライド

drawメソッドをオーバー
ライドするよ

　Meteo クラスの継承関係は Player クラスと同じです。唯一の独自プロパ
ティである強度（_power）の値は、隕石オブジェクトを生成するとき161
ページの計算式に従って設定します。
　また、隕石も162ページの仕様に従って色を12パターンに変化させるの

で、drawメソッドをオーバーライドします。

さらにdrawメソッドでは、弾が当たって減少した現在の強度（_power）と最初の強度（_initial_power）の割合に応じてCSSを操作して、隕石の見た目のサイズが小さくなるようにします。

弾を当てると小さくなる仕組み

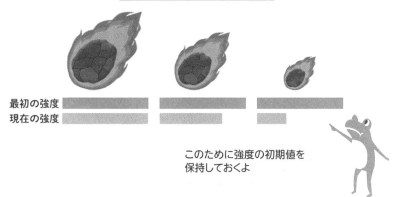

最初の強度
現在の強度

このために強度の初期値を
保持しておくよ

Cometクラスのプロパティ

プロパティ名	型	説明
_element	HTMLElement	GameObjectクラスから継承（readonly）
_size	Size	GameObjectクラスから継承（readonly）
_position	Point2D	GameObjectクラスから継承
_timerId	number	GameObjectクラスから継承（readonly）
_velocity	Point2D	MovableObjectクラスから継承
_acceleration	Point2D	MovableObjectクラスから継承

生成すれば勝手に
動いてくれるよ

Cometクラスの継承関係はPlayerクラスと同じです。独自のプロパティやメソッドはありません。移動と描画はスーパークラスがやってくれるので、インスタンスを生成すれば勝手に動いてくれます。

Score クラスと Level クラスのプロパティ

プロパティ名	型	説明
_element	HTMLElement	GameObject クラスから継承（readonly）
_size	Size	GameObject クラスから継承（readonly）
_position	Point2D	GameObject クラスから継承
_timerId	number	GameObject クラスから継承（readonly）
_fontName	string	TextObject クラスから継承（readonly）
_fontSize	number	TextObject クラスから継承（readonly）
_text	string	TextObject クラスから継承
_score	number	スコアの値（Score クラスのみ）
_level	number	レベルの値（Level クラスのみ）

テキストの内容は
public

　Score クラスと Level クラスは TextObject クラス（GameObject クラスを継承）を継承します。それぞれ表示に使う値を独自のプロパティとして持ちます。表示するテキストの内容を書き換える処理はメインプログラム（Game クラス）に任せます。TextObject クラスで _text を readonly にしないのはそのためです。

Screen クラスのプロパティ

プロパティ名	型	説明
width	number	画面の横幅（readonly）※ getter のみ実装
height	number	画面の縦幅（readonly）※ getter のみ実装

　Screen クラスはブラウザの描画領域のサイズをプロパティに持ちますが、プロパティを参照した瞬間の画面サイズを取得する必要があることから、プロパティの値は保持せずに getter のみ実装します。

Keyboard クラスのプロパティとメソッド

プロパティ名	型	説明
_key	Record<string, boolean>	キーコードと状態（ON/OFF）を管理する

メソッド名	引数	戻り値	説明
watchEvent	無し	無し	keydown、keyup イベントハンドラの実装

　Keyboardクラスはキーの状態（押されているか押されていないか）を保持する連想配列をプロパティに持ちます。これはRecord型（152ページ）で定義することができます。

　watchEventはJavaScriptのaddEventListener関数を使ってキーイベントを監視する処理（イベントハンドラ）を実装するメソッドで、インスタンス生成時に1回だけ呼び出します。監視するのはkeydownイベント（キーが押されたとき発生）とkeyupイベント（キーが離されたとき発生）です。これらのイベントハンドラ内で連想配列_keyを更新します。

Gameクラスのプロパティ

プロパティ名	型	説明
_player	Player	自機オブジェクト（readonly）
_shots	Array<Shot>	弾オブジェクトの配列
_comets	Array<Comet>	流星オブジェクトの配列
_meteos	Array<Meteo>	隕石オブジェクトの配列
_score	number	スコアの値
_level	number	レベルの値
_scoreBoard	Score	スコアオブジェクト（readonly）
_levelBoard	Level	レベルオブジェクト（readonly）
_mainTimer	number	ゲーム全体の進行を管理するメインタイマー（readonly）
_cometTimer	number	流星を一定時間ごとに生成するタイマー（readonly）
_shotTimer	number	弾を一定時間ごとに生成するタイマー
_meteoTimer	number	隕石を一定時間ごとに生成するタイマー
_shotInterval	number	弾を発射する間隔（ミリ秒）
_meteoInterval	number	隕石を生成する間隔（ミリ秒）

　Gameクラスはゲームの進行や登場するオブジェクトを管理します。_playerはPlayerクラスのインスタンスで、ゲーム内の自機を表すオブジェクトです。弾と流星と隕石はGameクラスによって動的に生成・消滅しますので、それぞれの型の配列をプロパティに持ちます。スコアは画面の左上に表示するScoreオブジェクト（_scoreBoard）とは別に、数値データを保持するためのプロパティ（_score）も用意します。Levelも同様に、表示のためのLevelオブジェクト（_levelBoard）と数値データを保持するプロパティ（_level）を用意します。

　メインタイマー（_mainTimer）は、非常に短い間隔でタイマーイベント

を繰り返し発生させて、ゲーム全体に時間の流れを提供します。たとえば50msごとに発生させると1秒間に20回イベントハンドラが起動するので、速度10のオブジェクトは1回あたり10ずつ移動し、1秒間で10x20＝200だけ移動することができます。

　流星のタイマーは、一定時間ごとに呼び出されるイベントハンドラ内で流星オブジェクトを生成して画面に配置します。弾と隕石もそれぞれのタイマーに従ってオブジェクトを一定時間ごとに生成します。

Gameクラスのメソッド

メソッド名	引数	戻り値	説明
mainTimer	無し	無し	メインタイマーの処理
addScore	number	無し	スコアを加算する
updateLevel	無し	無し	レベルの値と表示を更新する
checkBoundary	無し	無し	オブジェクトが画面外に出たかどうか判定する
detectCollision	無し	無し	オブジェクト同士の衝突判定を行う
createShot	無し	無し	弾を生成する
createMeteo	無し	無し	隕石を生成する
createComet	無し	無し	流星を生成する
save	無し	無し	ゲームの状態を保存する
load	無し	無し	ゲームの状態を復元する

　Gameインスタンスを生成するとゲームが開始されるように、コンストラクタで各オブジェクトを初期化した後、前回ゲームを実行したとき最後に保存したデータをロード（復元）し、各タイマーを起動します。あとは各タイマーに割り当てたイベントハンドラ（mainTimer,createShot,createMeteo,createComet）に全てを任せ、タイマーの役割に応じた処理を行います。

　弾と隕石と流星を生成するタイマーは、各オブジェクトを生成して配列に追加します。メインタイマーは最も短い間隔で実行（体感的にほぼリアルタイム）し、図の各メソッドを順番に実行します。何もしなくても自動的にスコアが増えていくように、メインタイマー内でスコアを加算することに注意してください。また、レベルが上がるのはスコアを加算した直後なので、addScoreメソッドからupdateLevelメソッドを呼び出してレベルが上がったかどうかの判定を行います。

メインプログラムの流れ

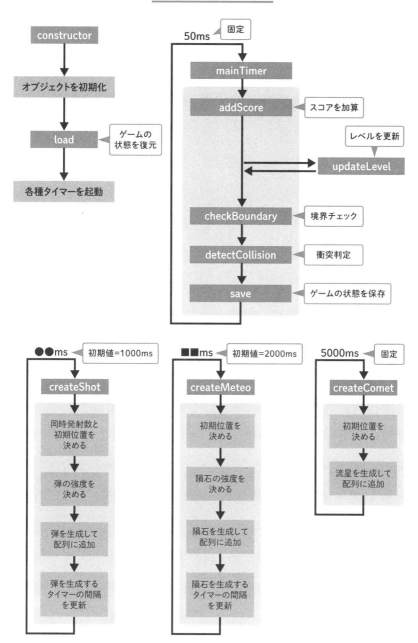

 ユーティリティのモジュール

次の表は、プログラム内で何度も使用する処理です。これらを関数にして、ユーティリティのモジュール（util.ts）に分離します。

作成するユーティリティ関数

メソッド名	説明
createElement	自機や弾などのHTML要素を生成する
removeObject	弾や隕石などのオブジェクトをプログラムとDOMの両方から完全に削除する
clampScreen	オブジェクトの座標を画面内に制限する
isOutsideScreen	オブジェクトが画面外に出たかどうか判定する
isColliding	2つのオブジェクトが衝突したかどうか判定する
random	指定範囲内の乱数を取得する
getNextScore	次のレベルに上がるために必要なスコアを計算する
getMeteoPower	現在のレベルから生成する隕石の強度を計算する
getShotPower	現在のレベルから生成する弾の強度を計算する

createElementは、HTML要素を持つオブジェクトを生成する際に各クラスのコンストラクタから呼び出します。自機や弾の場合は<img>要素、スコアやレベルの場合は<div>要素を生成します。

removeObjectは、オブジェクトを削除する際（弾と隕石が衝突したときや、流星が画面外に出たときなど）に呼び出します。

clampScreenは、キーボードの操作によって自機が動いたとき、オブジェクトの位置（座標）が画面外にはみ出さないよう制限をかけるために呼び出します。

isOutsideScreenは、自機以外の動くオブジェクト（弾、隕石、流星）が動いたとき、オブジェクトの位置（座標）が完全に画面外に出たかどうかを判定するために呼び出します。

isCollidingは、オブジェクト同士が衝突したかどうかを判定するために呼び出します（弾と隕石、自機と流星の衝突判定）。

randomは、隕石や流星が出現する位置をランダムに決めたり、速度や加速度の値に微妙な幅（ゆらぎ）を与えるために呼び出します。

getNextScoreは、スコアを加算したり自機が流星と接触したときに、次のレベルに上がるまでに必要なスコアを計算するために呼び出します。

　getMeteoPower と getShotPower は、隕石と弾を生成する際にそれぞれの強度を計算するために呼び出します。

 ## 型定義のモジュール

　次の表は、当アプリケーション独自の型です。これらを型定義モジュール（type.ts）として分離します。

作成する型定義

型名	説明
Point3D	3D空間上の位置（x座標,y座標,z座標）
Point2D	2D平面上の位置（x座標,y座標）
Size	2D平面上のサイズ（横幅と高さ）
GameObjectParams	GameObjectクラスのコンストラクタ引数
MovableObjectParams	MovableObjectクラスのコンストラクタ引数
TextObjectParams	TextObjectクラスのコンストラクタ引数
PlayerParams	Playerクラスのコンストラクタ引数
ShotParams	Shotクラスのコンストラクタ引数
MeteoParams	Meteoクラスのコンストラクタ引数
CometParams	Cometクラスのコンストラクタ引数
SaveData	保存データの形式

　特にGameObjectを継承したクラスはプロパティが多いので、コンストラクタの引数が多く、可読性が低下しがちです。そこで、引数をtype FooParams = {x:T,y:K,z:U}のような1個のオブジェクトにまとめて型エイリアスを使って名前をつけます。

　Point3D型は当アプリケーションでは使用しませんが、Point2D型を定義する際に利用します（212ページ）。

オブジェクト型のコンストラクタ引数

コンストラクタに渡す情報が多い場合、それらをプロパティとするオブジェクトを型定義して利用すると、多くのメリットが得られます。

```
// コンストラクタ引数の型定義
type DogParams = {
 age: number;
 name: string;
 // gender: "オス" | "メス"; ←プロパティを増やす例
};

new Dog({ age: 5, name: "ジョン" });
// プロパティが増えた場合
new Dog({ age: 5, name: "ジョン", gender: "オス" });
// 順番を入れ替えても OK
new Dog({ gender: "オス", name: "ジョン", age: 5 });
```

・プロパティの順番を変えても呼び出し側のコードに影響しない
・呼び出し側でもプロパティの順番を気にしなくてよい
・プロパティの名前と意味が明確になる
・プロパティに過不足があればコンパイルエラーになってくれる

ディレクトリ設計

 モジュールとディレクトリ

　ここまで検討してきたクラス、インターフェース、ユーティリティ、型定義などのモジュールについて、ファイル名と配置するディレクトリを次のように決めます。

tsモジュール一覧

ディレクトリ名	ファイル名	説明
src	app.ts	Gameオブジェクトを生成（ゲームを起動）
src/utility	util.ts	ユーティリティ関数
	type.ts	型定義
src/interface	movable.ts	IMovableインターフェース
	text.ts	ITextインターフェース
src/class	gameObject.ts	GameObjectクラス
	movableObject.ts	MovableObjectクラス
	textObject.ts	TextObjectクラス
	player.ts	Playerクラス
	shot.ts	Shotクラス
	meteo.ts	Meteoクラス
	comet.ts	Cometクラス
	score.ts	Scoreクラス
	level.ts	Levelクラス
	screen.ts	Screenクラス
	keyboard.ts	Keyboardクラス
	game.ts	Gameクラス

　これらとは別に、HTMLやCSSなどの静的モジュールを次のように配置します。

静的モジュール一覧

ディレクトリ名	ファイル名	説明
dist/assets/css	game.css	ゲーム画面を装飾するスタイルシート
dist/assets/images	***.png	自機や弾などの画像ファイル
dist/assets/lib	jquery-3.6.4.min.js	jQuery ライブラリ
	starscroll.min.js	ゲーム画面の背景エフェクト用ライブラリ
dist	index.html	ゲーム画面のHTMLページ

Point! 🐟

アセット（asset：資産）は変更を必要とせず開発にそのまま利用する画像やデータを意味します。

● src ディレクトリと dist ディレクトリ

src ディレクトリには ts モジュールを配置し、tsc コマンドでコンパイルした js モジュールが dist ディレクトリ内に同じ構造のまま出力されるように Chapter07 で環境設定を行います。

編集用モジュールと配信用モジュールの関係

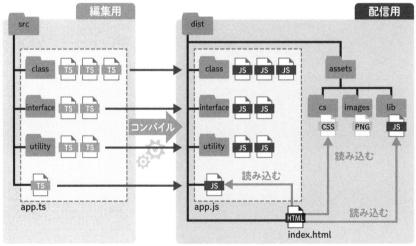

Point! 🐟　dist の js は編集しない

開発時は src にある ts モジュールを編集し、dist に生成される js モジュールは編集しません。

放置型シューティングゲーム
（クラスの実装）

プロジェクトの作成

 ワークスペースの作成

　VS Code の［ファイル（F）> フォルダーを開く ... ］から、43 ページでローカルに配置した game フォルダを開くと、ツリービューに develop と release ディレクトリが読み込まれます。この状態をプロジェクトとして保存するために、［ファイル（F）> 名前を付けてワークスペースを保存 ... ］から、ワークスペース（デフォルトのファイル名は game.code-workspace）を保存しましょう。

ワークスペースの作成

ワークスペースが生成される

　これで次回から［表示（V）> ファイルでワークスペースを開く ...］でワークスペースを選択すると開発の続きが可能になります。

 tsconfigの作成

　［表示（V）> ターミナル（Ctrl+@)］でターミナルを起動して、①cd コマンドで develop ディレクトリに移動します。②続けてターミナルから tsc --init コマンドを入力すると、develop ディレクトリの直下に tsconfig.json が生成されます。

tsc --init `Enter`

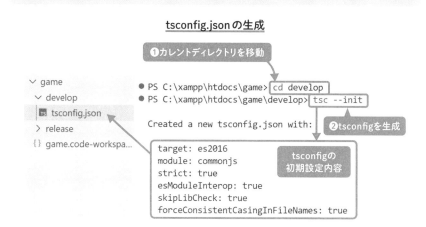

tsconfig.json の生成

❶カレントディレクトリを移動

```
∨ game                    ● PS C:\xampp\htdocs\game> cd develop
  ∨ develop               ● PS C:\xampp\htdocs\game\develop> tsc --init
    [ts] tsconfig.json
    > release               Created a new tsconfig.json with:    ❷tsconfigを生成
    {} game.code-workspa...
                            target: es2016           tsconfigの
                            module: commonjs         初期設定内容
                            strict: true
                            esModuleInterop: true
                            skipLibCheck: true
                            forceConsistentCasingInFileNames: true
```

　tsconfigはtscコマンドに指定する各種オプション等をあらかじめ設定しておくファイルです（21ページ）。tsconfigを配置されたディレクトリでtscコマンドを実行すると、コマンドにオプションを指定する代わりにtsconfigに記述された設定が適用されます。最初にtsconfigを作成しておけば、開発時はオプション無しのtscコマンドを実行するだけでコンパイルできます。

　生成したばかりのtsconfigには初期設定で図の6項目が設定されており、それ以外の項目は//でコメントアウトされています。次の表のとおりに設定を変更しましょう（設定後に、不要な項目やコメントは削除して整理しておきましょう）。

tsconfig の設定

オプション	変更後	説明
target	"es2022"	変換するjsのバージョン
module	"es2022"	モジュールの形式
rootDir	"./src"	ソースのディレクトリ
outDir	"./dist"	出力先ディレクトリ
esModuleInterop	（削除）	CommonJSとESモジュール間との相互運用を可能にするためのフラグ
forceConsistentCasingInFileNames	true	ファイル名の大文字小文字を区別
strict	true	厳密なコンパイルチェック
noUnusedParameters	true	未使用パラメータを警告
skipLibCheck	（削除）	型定義ファイルをチェックしない

設定変更後の tsconfig

```
game > develop > TS tsconfig.json > ...
 1  {
 2      "compilerOptions": {
 3          "target": "es2022",
 4          "module": "es2022",
 5          "rootDir": "./src",
 6          "outDir": "./dist",
 7          "forceConsistentCasingInFileNames": true,
 8          "strict": true,
 9          "noUnusedParameters": true
10      }
11  }
```

tsconfigの編集が終わったら、［ファイル（F）＞保存（Ctrl+S）］または
ショートカットキーのCtrl+Sで保存しましょう。

●コンパイルテスト

develop/srcディレクトリを作成し、src直下に空のapp.tsを作成したら、
ターミナルからtscコマンドを実行しましょう。コンパイルされたapp.jsが
develop/dist内に生成されれば成功です。

コンパイルテスト

できた!

● クリーンビルド

「tsc --build --clean」を実行すると、dist内のjsファイルを一括削除できます。

jsをまとめて削除

● 型定義ファイル

型定義ファイルとは、型情報を持たないJavaScriptのライブラリをTypeScriptから利用できるようにするためのファイルです。たとえば当アプリケーションでは次ページのようにscriptタグを使って実行時にjQueryを読み込んでいますが、TypeScriptは実行前にjQueryの存在を知ることができないため、tsファイル内でjQueryを利用するコードを記述するとコンパイルエラーになります。

● app.ts

```
$("body").css("color", "red"); // コンパイルエラー
```

そこで、次のように型情報を記述したファイルをdevelop/@types/app.d.tsに配置すると、TypeScriptは $ がjQueryの別名（エイリアス）であることを知らずとも「$は任意の型」と認識してコンパイルできるようになります。

● @types/app.d.ts

```
declare var $: any;
```

HTMLとCSSの作成

 index.htmlの作成

distディレクトリの直下にindex.htmlを以下の内容で作成しましょう。

● **dist/index.html**

```html
<!DOCTYPE html>
<html lang="ja">
 <head>
  <meta charset="utf-8" />
  <meta name="viewport" content="width=device-width" />
  <title>放置シューティング</title>
  <link href="./assets/css/game.css" rel="stylesheet" />
 </head>
 <body>
  <script src="./assets/lib/jquery-3.6.4.min.js"></script>
  <script src="./assets/lib/starscroll.min.js"></script>
  <script type="module" src="./app.js"></script>
 </body>
</html>
```

次に、release/dist/assetsをdevelop/dist/assetsにコピーしましょう。assets/css/game.cssにはゲーム画面の背景色と流星の点滅アニメーションのスタイルが記述されています。

● **dist/assets/css/game.css**

```css
/* 全体のスタイル */
```

```
body {
  color: white;
  background-color: black;
  margin: 0;
  overflow: hidden;
}

/* 点滅 */
.blink {
  animation: blink 0.2s linear infinite alternate;
}

@keyframes blink {
  0% {
    opacity: 0;
  }
  100% {
    opacity: 1;
  }
}
```

Googleフォントの組み込み

　スコアとレベルの表示は「Bungee Inline」という名前のウェブフォントを利用します。①Googleフォントのサイト https://fonts.google.com/ で「Bungee Inline」を検索し、②利用したいウェイトを選択します。「Bungee Inline」にはRegular400しかありませんので、それを選択します。

　③画面右上のアイコンをクリックすると、選択したフォントをHTMLに組み込むためのコードが表示されるので、④図の枠内をコピーします。コピーしたコード（linkタグ3つ）をindex.htmlのtitleタグの直後にペーストすると組み込み完了です。

Google フォントの取得

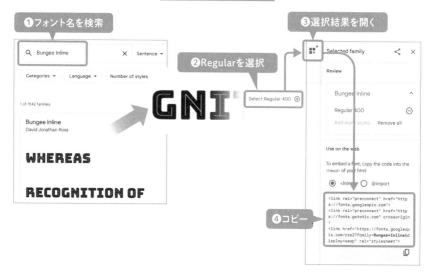

❶フォント名を検索

❷Regularを選択

❸選択結果を開く

❹コピー

Google フォントの組み込み

```
<title>放置シューティング</title>
<link rel="preconnect" href="https://fonts.googleapis.com" />
<link rel="preconnect" href="https://fonts.gstatic.com" crossorigin />
<link href="https://fonts.googleapis.com/css2?family=Bungee+Inline&display=swap" rel="stylesheet" />
```

　ゲーム内では、プログラムで動的にHTML要素にアクセスして、style.
fontFamily プロパティにフォント名"Bungee Inline"を設定することでテキス
トの表示に反映します。別のフォントを使いたい場合はlinkタグとプログラ
ム内で設定するフォント名の両方を変更します。

03

空モジュールの作成

 空モジュールの作成

193ページの表を確認しながら、develop/srcディレクトリ内に新規のtsファイルを追加しましょう。cdコマンドでdevelopディレクトリに移動してtscコマンドを実行すると、次のページの図のようにdistディレクトリ内へjsが生成されます。

ブラウザでhttp://localhost/game/develop/dist/にアクセスすると、assets内のcssとjsだけが読み込まれたアプリケーションの雛形が実行され、背景がスクロールする様子を確認できます。

背景がスクロールする宇宙空間

ローカルサーバーを起動して
アクセスしよう

tsc コマンドによるコンパイル結果

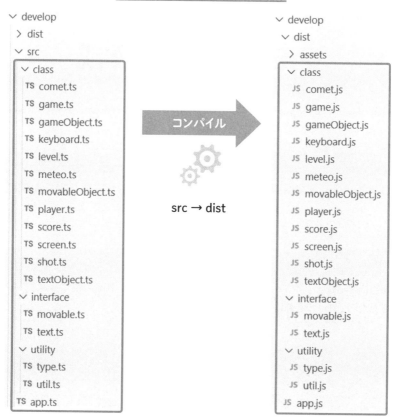

以後、モジュールを作成するたびにターミナルから tsc コマンドを実行してコンパイルを行ってください。

ts モジュールのコンパイル

ターミナル　　出力　　デバッグ コンソール

```
PS C:\xampp\htdocs\game\develop> tsc
PS C:\xampp\htdocs\game\develop> 
```

Screenクラスの実装

 プロパティとアクセサ

Screenは画面のサイズ（横幅と縦幅）を持ったクラスですが、これらはプロパティとして値を保持し続けても意味がありません。ユーザーがブラウザの画面幅を変更するとプロパティの値も変わらなければならないからです。そのため、あえてプロパティは実装せずにアクセサのゲッターだけを実装し、ゲッターが呼び出されたときその瞬間の画面サイズを取得して返すようにします。

● screen.ts

```ts
/**
 * Screenクラス
 */
export default class Screen {
  /**
   * アクセサ
   */
  static get width(): number {
    return document.body.clientWidth;
  }
  static get height(): number {
    return document.body.clientHeight;
  }
}
```

clientWidthとclientHeightはHTMLページ内のbody要素を表すdocument.bodyオブジェクトのプロパティで、ブラウザの描画領域（スクロールバーを

除く）のサイズを返します。

　2つのゲッターにstaticをつけて静的メソッド（94ページ）にすることに注意しましょう。Screenクラスは、利用するプログラムから見るとユーティリティ関数に近い役目をしますので、インスタンス化せずに利用できたほうが便利だからです。

 ## テストコード

　app.tsにScreenクラスのインポートと、現在の画面サイズをコンソールに出力するテストコードを記述してコンパイルしましょう。

● **app.ts**

```
import Screen from "./class/screen.js";

console.log(Screen.width);
console.log(Screen.height);
```

　index.htmlにアクセスしてデベロッパーツール（ChromeはF12キーで起動）のConsoleタブを開くと、画面サイズが出力されています。

<u>Screenクラスのテスト</u>

Screenクラス
の完成だ!

Keyboardクラスの実装

プロパティとアクセサ

Keyboardクラスは、「string型の文字列をキーとし、boolean型を値」とする複数のレコードを配列のように保持することができるRecord<string, boolean>型のプロパティを持ちます。Record型は152ページを参照してください。

● keyboard.ts

```
/**
 * Keyboard クラス
 */
export default class Keyboard {
 /**
  * プロパティ
  */
 protected _key: Record<string, boolean>;
・・・続く・・・
```

_keyは最初は空ですが、キーが押されたとき次ページの図のようにキーコードに対応したレコードを追加して、押されたらtrue、離されたらfalseを代入します。

キーボードの上キーを表すキーコードはArrowUpですが、キーボードの種類によってはテンキーの8に割り当てられていることがありますので、どちらかのキーが押されていたらtrueと判定します。

キーの状態と_keyの対応関係

↑キーの状態… ON OFF　_key["ArrowUp"] または _key["8"] が true

→キーの状態… ON OFF　_key["ArrowRight"] または _key["6"] が true

↓キーの状態… ON OFF　_key["ArrowDown"] または _key["2"] が true以外

←キーの状態… ON OFF　_key["ArrowLefet"] または _key["4"] が true以外

　プロパティに続けて、上下左右の4方向のキーが押されているかどうかを返すアクセサを追加しましょう。

```
/**
 * アクセサ
 */
get up(): boolean {
  return this._key["ArrowUp"] === true || this._key["8"] === true;
}
get down(): boolean {
  return this._key["ArrowDown"] === true ||  this._key["2"] === true;
}
get left(): boolean {
  return this._key["ArrowLeft"] === true ||  this._key["4"] === true;
}
get right(): boolean {
  return this._key["ArrowRight"] === true ||  this._key["6"] === true;
}
・・・続く・・・
```

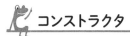 コンストラクタ

　キーの状態はブラウザのkeydownイベントとkeydownイベントを監視して_keyに反映します。監視のためのイベントハンドラをwatchEventというメソッドで定義し、コンストラクタから呼び出します。アクセサに続けて次のコードを追加しましょう。

```
/**
 * コンストラクタ
 */
constructor() {
  this._key = {};
  this.watchEvent();
}

/**
 * イベント監視
 */
watchEvent(): void {
  // keydownイベント
  document.addEventListener("keydown", (e: KeyboardEvent) => {
    this._key[e.key] = true;
    console.log(this._key); // テストコード
  });
  // keyupイベント
  document.addEventListener("keyup", (e: KeyboardEvent) => {
    this._key[e.key] = false;
    console.log(this._key); // テストコード
  });
}
}
```

　イベントハンドラがブラウザから受け取る引数eは、KeyboardEventという型のイベントオブジェクトで、押されたキーコードがe.keyに入っていま

す（上キーなら "ArrowUp" または "2" が入っています）。

e.keyを_keyレコードのキーとして、keydownが発生したらtrueをセットし、keyupが発生したらfalseに書き換えます。

console.logは動作確認用のテストコードです。後で削除します。

テストコード

app.tsにKeyboardクラスのインポートとインスタンスを生成するコードを記述してコンパイルしましょう（206ページで追加したScreenクラス用のテストコードは削除）。

● app.ts

```
import Keyboard from "./class/keyboard.js";

new Keyboard();
```

index.htmlにアクセスしてデベロッパーツールのConsoleタブを開いたら、ゲーム画面でキーボードを操作してみましょう。たとえば「①右キーを押す -> ②右キーを離す -> ③左キーを押す -> ④左キーを離す」の順番で操作した場合、コンソールにキーの状態が4回出力されます。

Keyboardクラスのテスト

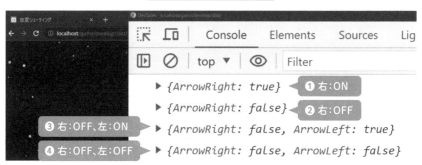

テストが終わったら、watchEventメソッドのテストコードは削除しておきましょう。

\Column/

特殊キーの同時押しを判定するには？

[shift][ctrl][alt]などの特殊キーもe.keyで取得できます。ただし、[ctrl+F]などブラウザのショートカットキーが作動するとアプリケーションから制御が離れてしまうので、キーが押されたときe.preventDefault()を呼び出してブラウザのデフォルトの挙動を抑制する必要があります。

```
// keydown イベント
document.addEventListener("keydown", (e: KeyboardEvent) => {
  this._key[e.key] = true;
  e.preventDefault(); // 既定の動作をキャンセル
});
```

特殊キーの同時押し判定

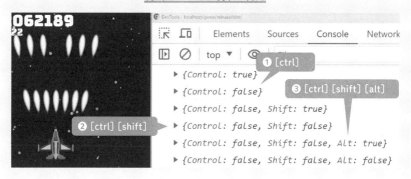

GameObject クラスの実装

 型定義モジュール(type.ts)の編集

　GameObjectの位置（X座標とY座標）を定義するために、2つの数値のペアを表すPoint2D型をtype.tsに追加します。ゲームを3D対応にするなど将来の拡張を見据えて、3つの数値のペアを表現するPoint3D型を定義し、Omit（154ページ）を利用してPoint2D型を定義します。

● type.ts

```
/**
 * Point3D型：空間上の位置
 */
export type Point3D = {
 x: number; // X座標
 y: number; // Y座標
 z: number; // Z座標
};


/**
 * Point2D型：平面上の位置
 */
export type Point2D = Omit<Point3D, "z">;
```

　同様にして、サイズ（横幅と縦幅）を表すSize型を追加します。Size型はxが横幅、yが縦幅を表すものとします。

```
/**
 * Size型：平面上のサイズ
```

```
*/
export type Size = Omit<Point3D, "z">;
```

　さらに、GameObject クラスのコンストラクタが受け取る引数の組み合わせをオブジェクトにした GameObjectParams 型を追加しましょう。

```
/**
 * GameObjectParams型：コンストラクタ引数
 */
export type GameObjectParams = {
  element: HTMLElement; // HTML 要素
  position: Point2D; // 位置
  size?: Size; // サイズ
};
```

　GameObject クラスのプロパティ（179ページ）のうち、タイマー ID はコンストラクタ内で JavaScript の setInterval 関数を呼び出せば戻り値として得られるので、外部から与える必要がありません。一方、GameObject はサブクラスによって HTML 要素の種類（div,img）やサイズ、初期位置が異なるので、この3つは外部から指定できるように引数に含めます。

　また、IText インターフェースを実装するサブクラスではサイズが不要であるため、オプショナルにします。

 ## プロパティとアクセサ

　type.js から型定義をインポートして、4つのプロパティを追加しましょう。位置プロパティ以外はインスタンス生成時に初期値を与えた後は一切変更しませんので、再代入を防ぐため readonly にします。

● gameObject.ts

```
import { Point2D, Size, GameObjectParams } from "../utility/type.js";

/**
 * GameObject クラス
 */
```

```
export default class GameObject {
  /**
   * プロパティ
   */
  protected readonly _element: HTMLElement; // HTML要素
  protected readonly _size: Size; // サイズ
  protected _position: Point2D; // 位置
  protected readonly _timerId: number; // タイマーID
  ・・・続く・・・
```

> **Point!** 🐸　**HTMLElement型とは？**
> HTMLElemntは任意のHTML要素を表すインターフェースで、HTMLのツリー構造の節（ふし）に位置する要素をオブジェクトとみなす考え方（DOM：Document Object Model）で定義されています。

プロパティに続けて、アクセサを追加しましょう。

```
  /**
   * アクセサ
   */
  get element(): HTMLElement {
    return this._element;
  }
  get size(): Size {
    return this._size;
  }
  get position(): Point2D {
    return this._position;
  }
  set position(position: Point2D) {
    this._position = position;
  }
  ・・・続く・・・
```

　readonlyのプロパティはコンストラクタで初期値を設定する以外のタイミングで再代入する必要がないので、セッター（setter）を定義しません。
　また、_timerIdはクラスの外部に公開する必要がない（GameObjectクラス内で自己完結する）プロパティなので、アクセサは定義しません。

 ## コンストラクタ

　アクセサに続けてコンストラクタを追加しましょう。

```
/**
 * コンストラクタ
 * @param params     初期化パラメータ
 */
constructor(params: GameObjectParams) {
  this._element = params.element;
  this._size = params.size ?? { x: 0, y: 0 };
  this._position = params.position;
  // タイマーイベントの割り当て
  this._timerId = setInterval(this.update.bind(this), 50);
  // サイズの設定
  const width = this._size.x.toString() + "px";
  const height = this._size.y.toString() + "px";
  this._element.style.width = width;
  this._element.style.height = height;
  // トランジションの設定
  this._element.style.transition = "all 0.1s linear 0s";
  // 初回描画時のちらつき防止
  this._element.style.opacity = "0";
  // 要素の追加
  document.body.appendChild(this._element);
}
```
・・・続く・・・

　コンストラクタはtype.tsに定義したGameObjectParams型のオブジェク

トを受け取り、プロパティに初期値を設定します。sizeはオプショナルなので、省略された場合は{x:0,y:0}がデフォルト値として設定されるようにNull合体演算子を使います。

> **Point!** 🐭
> Null合体演算子「??」は、左辺がnullまたはundefinedだった場合に右辺を参照するJavaScriptの演算子です。

_timerIdにはsetInterval関数の戻り値（タイマーを識別する数値）を設定します。_timerIdはインスタンスが破棄される際にタイマーを停止するために使います。

●タイマーイベントの割り当て

タイマーのイベントハンドラには、このあと実装するGameObject自身のupdateメソッドを割り当てます。このとき、updateメソッド内でthisがGameObjectのインスタンスを参照するように、コンストラクタ内でのthis（GameObjectのインスタンス）をbind関数でupdateメソッドに関連付けることに注意しましょう。bindしないと、updateメソッド内でthisがWindowオブジェクトを参照してしまうからです。

●サイズの指定

サイズはHTML要素のスタイルシート（CSS）を表すstyleプロパティに設定します。"50px"のように単位を含む文字列として設定しなければならないので、toString()関数でxとyを文字列に変換します。

●トランジションの設定

CSSのtransitionプロパティを使うと、HTML要素のスタイルが滑らかに変化します。これによって、オブジェクトの位置が更新されたとき滑らかに動くようになります。

●初回描画時のちらつき防止

DOMのappendChild関数でHTML要素をbodyタグ内に挿入すると、50ミリ秒後に初回のupdateメソッドが呼び出されて本来の位置へ描画されるまでの間、オブジェクトは画面の左上に表示されてしまいます。

不適切な位置に表示される

要素を挿入した
瞬間こうなるよ

　わずか50ミリ秒という短い間ですが、GameObjectを元にして生成する全てのオブジェクトが、一瞬だけ左上に見えてしまいます。この問題を解消するために、コンストラクタでは要素のopacityを0（完全な透明）にしたまま挿入し、描画処理を行うdrawメソッド内でopacityを1にします。

drawメソッド

　プロパティが指す位置へオブジェクトを描画するdrawメソッドを追加しましょう。要素は既にDOMに挿入されているので、HTML要素のstyleプロパティに位置を設定し、最後にopacityを1に戻して画面に表示させます。

```
/**
 * 描画
 */
draw(): void {
  const left = (this.position.x - this.size.x / 2).toString() + "px";
  const bottom = (this.position.y - this.size.y / 2).toString() + "px";
  this.element.style.position = "fixed";
  this.element.style.left = left;
  this.element.style.bottom = bottom;
  this.element.style.opacity = "1";
}
・・・続く・・・
```

当アプリケーションでは、画面の左下を座標の原点(0,0)とし、水平方向をX軸、垂直方向をY軸とします。オブジェクトの座標(position.x,position.y)はオブジェクトの中心とします。

座標の原点と軸の方向

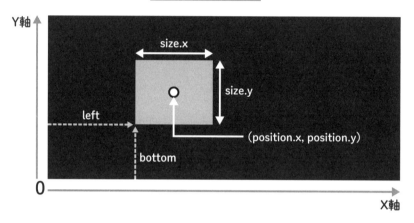

　一方、CSSのleft / bottomプロパティは、画面の左下からオブジェクトの左下隅までの距離を表すので、次の関係が成り立ちます。

```
left + (size.x / 2) = position.x
bottom + (size.y / 2) = position.y
```

　これを変形すると、

```
left = position.x - (size.x / 2)
bottom = position.y - (size.y / 2)
```

になります。

 **updateメソッド**

　drawメソッドに続けてupdateメソッドを追加しましょう。updateメソッドは、コンストラクタで開始したタイマーで50ミリ秒ごとに繰り返し呼び出され、刻一刻と変化するオブジェクトの状態(速度や位置など)を更新し、画

面の描画に反映するのが役目です。

　GameObjectは動かない（IMovableインターフェースを実装していない）ので、先ほど作成したdrawメソッドを呼び出すだけです。

```
/**
 * 更新
 */
update(): void {
 // 要素を描画
 this.draw();
}
```

disposeメソッド

　さらに続けてdisposeメソッドを追加しましょう。このメソッドの役目は、コンストラクタでインスタンスに関連付けられたHTML要素をDOMから削除し、自身のタイマーを停止することです。

```
/**
 * 破棄
 */
dispose(): void {
 // DOMから要素を削除
 this.element.remove();
 // 要素のタイマーを停止
 clearInterval(this._timerId);
}
}
```

> Point! ◦●　　**clearInterval と setInterval の関係**
> clearIntervalは、setInterval関数を実行すると生成されるタイマーを停止するJavaScriptの関数です。引数に渡したタイマー IDに対応したタイマーが停止します。

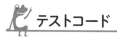
テストコード

　自機を、原点から (200,200) の位置へ表示してみましょう。app.ts に次の
テストコードを記述してコンパイルします。

● **app.ts**

```
import GameObject from "./class/gameObject.js";
import { GameObjectParams } from "./utility/type.js";

// img要素を生成し、src属性に画像のパスを設定
const element = document.createElement("img");
element.setAttribute("src", "./assets/images/player.png");

// コンストラクタに渡すパラメータを用意
const params: GameObjectParams = {
 element: element,
 position: { x: 200, y: 200 },
 size: { x: 100, y: 90 },
};

// GameObjectのインスタンスを生成
const obj = new GameObject(params);
```

　document.createElement は指定した要素名の HTMLElement オブジェク
トを生成する DOM の関数です。"img" を指定すると img 要素が生成されま
す。setAttribute は要素に属性を設定する HTMLElement オブジェクトのメ
ソッドです。ここでは <img src="画像のパス"> を生成しています。生成し
た要素と位置、サイズを GameObjectParams 型のオブジェクトに詰め込み、
GameObject のインスタンスを生成します。

　index.html にアクセスして、(200,200) の位置に自機が表示されたら成功
です。

テスト結果

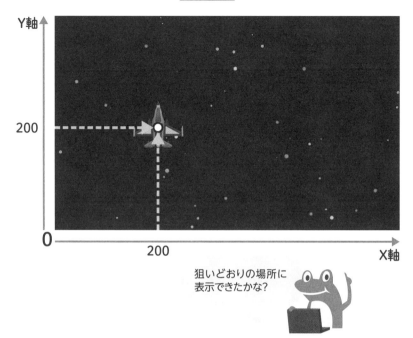

狙いどおりの場所に
表示できたかな？

● 要素を生成する共通関数

　オブジェクトに割り当てるHTML要素を生成する処理は、自機以外のオブジェクトを生成する際にも利用するので、共通関数にしてutil.tsに定義しておきましょう。引数で要素名（"div"や"img"）と属性のペア（"src"と"画像パス"）を受け取ることにします。

　関数名はDOMの関数と同じcreateElementとしますが、Utilという名前空間を導入してUtil.createElementのように呼び出せるようにします。

● util.ts

```
/**
 * 共通関数
 */
export namespace Util {
  /**
```

```
 * HTML要素生成
 * @param name    タグの名前
 * @param attr    属性
 * @returns HTMLElement オブジェクト
 */
export const createElement = (name: string,
    attr : Record<string, string>): HTMLElement => {
  // 空のHTML要素を生成
  const element = document.createElement(name);
  // 属性が指定されていれば追加
  if (typeof attr !== "undefined") {
    let key: keyof typeof attr;
    for (key in attr) {
      const value = attr[key];
      element.setAttribute(key, value);
    }
  }
  // 生成した要素を返す
  return element;
 };
}
```

　引数のattrには任意の属性を何個でもまとめて指定できるように、Record
型（152ページ）にします。すると、attrには次のようなオブジェクトを指定
できます。

```
{ src: "./assets/images/player.png", alt: "自機です" }
```

　ただし、当アプリケーションでは画像のsrc属性しか使いません。また、
ScoreやLevelのように画像を必要としないオブジェクトは属性を持たない
div要素を生成すれば良いので、attrはオプショナルにします。そのため、
typeof演算子でattrの型を調べ、undefined型ではないときだけ属性を設定
します。

```
if (typeof attr !== "undefined") {}
```

　attrには複数のプロパティ（キーと値のペア）が入っているので、for 〜 in
ループで全てのキーについて繰り返します。

```
for (key in attr) {}
```

　keyの型はkeyof［attrの型］、つまり keyof typeof attr と記述できます。こ
のように動的な型抽出をしなくても、attrの各レコードのキーがstring型で
あることは引数の定義Record<string,string>から明らかなのですが、動的に
抽出するようにしておけば、引数の型が変わってもプログラム変更しなくて
済みます。
　keyが"src"のとき、値はattr["src"]で取得できるので、次のコードは
element.setAttribute("src","./assets/images/player.png")のように実行され
ます。

```
let key: keyof typeof attr;
for (key in attr) {
  const value = attr[key];
  element.setAttribute(key, value);
}
```

　さて、この関数を呼び出す場面を考えてみましょう。たとえば自機の
HTMLElementを生成するときは次のようになります。

コード補完は出てくるけれど…

```
Util.createElement("img", { src: "./assets/images/player.png" });
      const Util.createElement: (name: string, attr: Record<string, string>) =>
      HTMLElement
      HTML要素生成
      @param  name  — タグの名前
      @param  attr  — 属性
      @returns — HTMLElement オブジェクト
```

222ページのように関数コメントを記述しておくと、VS Codeのコード補完に引数の意味や型が表示されるので、関数の使い方に迷うことはなくなりますが、記述したコードを眺めたとき引数の意味と順番が一目でわかりにくくなる欠点があります。

このような場合、引数をオブジェクトにすると、ひとつひとつの引数に名前（オブジェクトのプロパティ名に相当）をつけることができるので、コードの可読性が良くなります。

● **わかりにくいコード**

```
Util.createElement("img", { src: "./assets/images/player.png" });
```

● **わかりやすいコード**

```
Util.createElement({
  name: "img",
  attr: { src: "./assets/images/player.png" },
});
```

こうするために、util.tsの先頭（namespaceの外側）に、createElement関数の引数に使うオブジェクトの型定義を追加しましょう。

● **util.ts**

```
/**
 * createElement メソッド引数の型
 */
type createElementOptions = {
  name: string;
  attr?: Record<string, string>;
};
```

すると、createElement関数の引数を次のように記述できます。

```
(name: string, attr: Record<string, string>)
↓変更
(params: createElementOptions)
```

　しかし、今度はコード補完を見ても params の中に含めるべき引数の内訳がわからなくなるので、やや不十分です。

引数の内訳がわからない

```
Util.createElement({ name: "img", attr: { src: "./assets/images/player.png" } });
```

```
const Util.createElement: (params: createElementOptions) => HTMLElement
```

HTML要素生成

@param `name` — タグの名前

@param `attr` — 属性

@returns — HTMLElement オブジェクト

　そこで、オブジェクトの分割代入（68ページ）を利用して引数を次のようにします。

```
({ name, attr }: createElementOptions)
```

　すると、コード補完にも分割代入の変数名が表示されるので、関数コメントとあわせて見るとわかりやすくなります。

引数の順番と意味がわかりやすい

```
Util.createElement({ name: "img", attr: { src: "./assets/images/player.png" } });
```

```
const Util.createElement: ({ name, attr }: createElementOptions) =>
HTMLElement
```

HTML要素生成

@param `name` — タグの名前

@param `attr` — 属性

@returns — HTMLElement オブジェクト

　以上の変更を反映すると、util.ts と app.ts は次のようになります。

● util.ts

```
/**
 * createElement メソッド引数の型
 */
type createElementOptions = {
  name: string;
```

```typescript
  attr?: Record<string, string>;
};

/**
 * 共通関数
 */
export namespace Util {
  /**
   * HTML要素生成
   * @param name　タグの名前
   * @param attr　属性
   * @returns HTMLElement オブジェクト
   */
  export const createElement = ({ name, attr }: createElementOptions):
HTMLElement => {
    // 空のHTML要素を生成
    const element = document.createElement(name);
    // 属性が指定されていれば追加
    if (typeof attr !== "undefined") {
      let key: keyof typeof attr;
      for (key in attr) {
        const value = attr[key];
        element.setAttribute(key, value);
      }
    }
    // 生成した要素を返す
    return element;
  };
}
```

● **app.ts**

```typescript
import GameObject from "./class/gameObject.js";
import { GameObjectParams } from "./utility/type.js";
import { Util } from "./utility/util.js";
```

```
// HTML要素を生成
const element = Util.createElement({
  name: "img",
  attr: { src: "./assets/images/player.png" },
});

// コンストラクタに渡すパラメータを用意
const params: GameObjectParams = {
  element: element,
  position: { x: 200, y: 200 },
  size: { x: 100, y: 90 },
};

// GameObjectのインスタンスを生成
const obj = new GameObject(params);
```

● オブジェクトの削除

app.tsの最後にdisposeメソッドの呼び出しを追加します。

```
// GameObjectのインスタンスを生成
const obj = new GameObject(params);

// オブジェクトを削除
obj.dispose();
```

　再度tscコマンドでコンパイルしてindex.htmlにアクセスしましょう。画面から自機の表示が消えていることを確認するとともに、デベロッパーツール（Chromeの場合F12キーで起動）のElementsタブを開いて、自機オブジェクトに関連付けられたimg要素（src属性にplayer.pngを含む）がDOMから削除されていることも確認しておきましょう。

DOM から削除されたことを確認

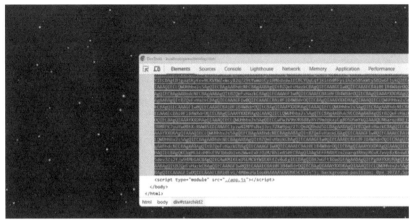

自機が削除できたか
確認しよう！

　body 要素の中には、背景を流れるアニメーションを描画するための div 要素が大量に挿入されています。Elements タブを見ると、動的に生成と消滅を繰り返している様子が目視できるはずです。

　document.body.appendChild 関数で挿入した要素は body 内の最後尾に配置されるので、\</body\> 終了タグの付近を見て img 要素がなければ、自機のHTML 要素が DOM から削除できている証拠です。

🔴 DOM の関数について

　DOM は JavaScript の言語仕様ではありませんが、JavaScript をはじめ様々なプログラミング言語から利用できるように提供されている API です。本書では DOM が定めている Document オブジェクトと HTMLElement オブジェクトの一部のメソッドを使いますが、メソッドの詳細や他のメソッドについては MDN Web Docs に掲載されているリファレンスを参照してください。

● Document – Web API | MDN
https://developer.mozilla.org/ja/docs/Web/API/Document

● HTMLElement – Web API | MDN
https://developer.mozilla.org/ja/docs/Web/API/HTMLElement

TextObject クラスの実装

 IText インターフェース

TextObject クラスが実装する IText インターフェースを次のように定義しましょう。インターフェースにはアクセス修飾子をつけることができない点に注意してください（111ページ）。

● text.ts

```
/**
 * IText インターフェース
 */
export default interface IText {
  _fontName: string; // 書体
  _fontSize: number; // 文字サイズ
  _text: string; // テキストの内容
}
```

 型定義モジュール(type.ts) の編集

type.tsに、TextObject クラスのコンストラクタが受け取る引数の組み合わせをオブジェクトにした TextObjectParams 型を追加しましょう。

● type.ts

```
/**
 * TextObjectParams型：コンストラクタ引数
 */
export type TextObjectParams = {
```

```
position: Point2D; // 位置
fontName: string; // 書体
fontSize: number; // 文字サイズ
text: string; // テキストの内容
};
```

　TextObject は GameObject を継承しますが、GameObject から継承する 4
つのプロパティ（181 ページ）のうち TextObject のコンストラクタが外部か
ら初期値を受け取るのは位置（position）だけです。

　TextObject はテキストしか表示しないので HTML 要素（element）は div で
固定できます。また、TextObject のサイズ（size）はテキストの文字数によっ
て決まるので、指定する必要がありません。さらにタイマー ID（timerId）は
スーパークラスである GameObject のコンストラクタで初期化されるので、
これも外部から渡す必要がありません。以上の理由から、TextObject はテキ
ストに関するプロパティと位置の初期値だけをコンストラクタ引数で受け取
ります。

プロパティとアクセサ

　スーパークラスである GameObject と IText インターフェース、そしてコ
ンストラクタ引数の型定義をインポートして、IText インターフェースが要求
する 3 つのプロパティを追加しましょう。

● textObject.ts
```
import GameObject from "./gameObject.js";
import IText from "../interface/text.js";
import { TextObjectParams } from "../utility/type.js";

/**
 * TextObject クラス
 */
export default class TextObject extends GameObject implements IText {
  /**
   * プロパティ
```

```
*/
public readonly _fontName: string; // 書体
public readonly _fontSize: number; // 文字サイズ
public _text: string; // テキストの内容
・・・続く・・・
```

　位置（position）はコンストラクタ引数で受け取りはしますが、インスタンスに値を保持するためのプロパティはスーパークラスのGameObjectが持っているので、textObjectには持たせません。また、書体と文字サイズはインスタンス生成時に初期値を与えた後は一切変更しませんので、再代入を防ぐためreadonlyにします。

　プロパティに続けて、アクセサを追加しましょう。

```
/**
 * アクセサ
 */
get fontName(): string {
  return this._fontName;
}
get fontSize(): number {
  return this._fontSize;
}
get text(): string {
  return this._text;
}
set text(text: string) {
  this._text = text;
}
・・・続く・・・
```

　必要なアクセサは、readonlyのプロパティを読み取るためのゲッター（getter）と、再代入可能なプロパティを更新するためのセッター（setter）です。

 **コンストラクタ**

アクセサに続けて、コンストラクタを追加しましょう。

```
/**
 * コンストラクタ
 * @param params      初期化パラメータ
 */
constructor(params: TextObjectParams) {
 super({
  element: Util.createElement({
    name: "div",
  }),
  ...params,
 });
 this._fontName = params.fontName;
 this._fontSize = params.fontSize;
 this._text = params.text;
}
・・・続く・・・
```

引数paramsの扱いが
ポイント

util.tsの共通関数createElementを利用するので、textObject.tsの先頭に
util.jsのインポートを追加しておきましょう。

```
import { Util } from "../utility/util.js";
```

コンストラクタが受け取る引数のうち、TextObjectに固有のプロパティ
(fontName,fontSize,text) はTextObject自身のプロパティへ初期値として代
入しますが、それ以外は全てスーパークラスであるGameObjectのコンスト
ラクタへ渡します。superへの渡し方について次の図を見てください。

残余引数でシンプルに渡す

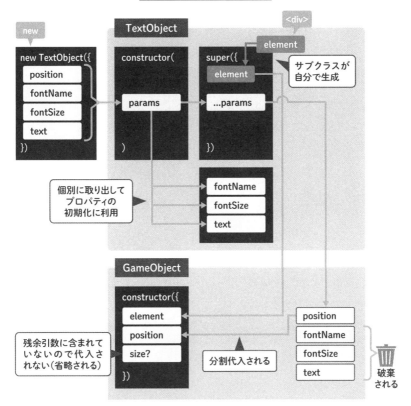

　最終的にGameObjectのコンストラクタに渡さなければならないのは、elementとpositionです。sizeは前述の理由で必要ありません。

　一方、TextObjectのコンストラクタが受け取る引数はelementを含まないので、TextObjectのコンストラクタ内で生成してsuperに渡す必要があります。positionは、TextObjectが受け取ったparamsオブジェクトに含まれているので、params.positionのように取り出してsuperに渡すこともできますが、あえてオブジェクトから取り出さずに「...」を付けて残余引数にすると、paramsのまま渡してもfontName以降の3つは受け取り側（GameObjectのコンストラクタ引数）に存在しないため破棄され、結果的にelementとpositionだけが渡されることになります。

　残余引数を使うことで、多くのパラメータを含むオブジェクト型の引数を

ソースコード上に展開することなく、サブクラスからスーパークラスへ渡すことができます。GameObjectを継承する他のクラスも、同じように残余引数を使ってコンストラクタを実装していきます。

drawメソッド

コンストラクタに続けてdrawメソッドを追加しましょう。このメソッドはGameObjectから継承していますが、TextObjectでは描画の方法が異なるため、サブクラス側でオーバーライドする必要があります。

```
/**
 * 描画
 */
draw(): void {
  this.element.style.fontFamily = this.fontName;          ①
  this.element.style.fontSize = this.fontSize.toString() + "px";  ②
  this.element.innerText = this.text;                     ③
  super.draw();                                           ④
}
}
```

TextObjectの描画は、自身のHTML要素（div）にテキストの内容を挿入し（③）、指定された書体と文字サイズを適用（①②）します。それ以外の処理（指定された位置に要素を配置）はスーパークラスのdrawメソッドに実装済みなので、super.draw()に任せます（④）。

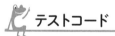

テストコード

app.tsに次のテストコードを記述して実行してみましょう。201 〜 202ページでHTMLに組み込んだGoogleフォント "Bungee Inline" を使って、画面の左上に10桁の数字を表示します。

● **app.ts**

```
import TextObject from "./class/textObject.js";
import Screen from "./class/screen.js";
```

```
import { TextObjectParams } from "./utility/type.js";

// コンストラクタに渡すパラメータを用意
const params: TextObjectParams = {
  position: { x: 25, y: Screen.height - 25 },
  fontName: "Bungee Inline",
  fontSize: 40,
  text: "0123456789",
};

// TextObjectのインスタンスを生成
const obj = new TextObject(params);
```

　最終的なゲーム画面と同じ位置に表示されます。

テスト結果

　パラメータの宣言とコンストラクタの呼び出しをまとめて記述すると、コンストラクタ引数の型定義をインポートしたり引数に使うオブジェクト変数を宣言する必要がなくなり、コードも簡潔になります。

```
import TextObject from "./class/textObject.js";
import Screen from "./class/screen.js";
```

```
// TextObjectのインスタンスを生成
const obj = new TextObject({
  position: { x: 25, y: Screen.height - 25 },
  fontName: "Bungee Inline",
  fontSize: 40,
  text: "0123456789",
});
```

デベロッパーツールを使って、ページに挿入されたHTML要素（div）を確認すると、style属性にCSSが書き込まれていることがわかります。

生成されたHTML要素

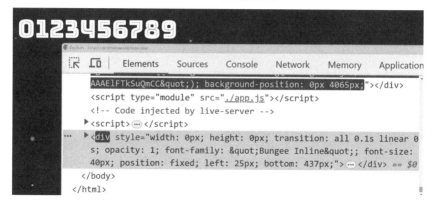

書き込まれたCSS

CSS	設定場所
width: 0px	GameObjectのコンストラクタ（215ページ）
height: 0px	GameObjectのコンストラクタ（215ページ）
transition: all 0.1s linear 0s	GameObjectのコンストラクタ（215ページ）
opacity: 1	GameObjectのdrawメソッド（217ページ）
font-family: "Bungee Inline"	TextObjectのdrawメソッド（234ページ）
font-size: 40px	TextObjectのdrawメソッド（234ページ）
position: fixed	GameObjectのdrawメソッド（217ページ）
left: 25px	GameObjectのdrawメソッド（217ページ）
bottom: 437px	GameObjectのdrawメソッド（217ページ）

MovableObjectクラスの実装

 IMovableインターフェース

MovableObjectクラスが実装するIMovableインターフェースを次のように定義しましょう。

● movable.ts

```
/**
 * IMovableインターフェース
 */
export default interface IMovable {
  move(): void; // 移動
  accelerate(): void; // 加速
  stop(): void; // 停止
}
```

 型定義モジュール (type.ts) の編集

type.tsに、MovableObjectクラスのコンストラクタが受け取る引数の組み合わせをオブジェクトにしたMovableObjectParams型を追加しましょう。

● type.ts

```
/**
 * MovableObjectParams型：コンストラクタ引数
 */
export type MovableObjectParams = {
  element: HTMLElement; // HTML要素
```

```
position: Point2D; // 位置
size: Size; // サイズ
velocity: Point2D; // 速度
acceleration: Point2D; // 加速度
};
```

　MovableObjectのコンストラクタ引数のうち、HTML要素、位置、サイズの3つはスーパークラスのGameObjectが持つプロパティを初期化するために使います。速度と加速度はMovableObject固有のプロパティを初期化するために使います。

 ## プロパティとアクセサ

　スーパークラスであるGameObject と IMovable インターフェース、そしてコンストラクタ引数の型定義をインポートしましょう。

● movableObject.ts
```
import GameObject from "./gameObject.js";
import IMovable from "../interface/movable.js";
import { Point2D, MovableObjectParams } from "../utility/type.js";

/**
 * MovableObjectクラス
 */
export default class MovableObject
    extends GameObject implements IMovable {
 /**
  * プロパティ
  */
 protected _velocity: Point2D; // 速度
 protected _acceleration: Point2D; // 加速度
・・・続く・・・
```

　位置（position）とサイズ（size）はコンストラクタ引数で受け取りはしますが、インスタンスに値を保持するためのプロパティはスーパークラスの

GameObject が持っているので、movableObject には持たせません。また、速度（velocity）と加速度（acceleration）はゲーム実行中に変化するので、readonly はつけません。

プロパティに続けて、アクセサを追加しましょう。

```
/**
 * アクセサ
 */
get velocity(): Point2D {
  return this._velocity;
}
set velocity(velocity: Point2D) {
  this._velocity = velocity;
}
get acceleration(): Point2D {
  return this._acceleration;
}
set acceleration(acceleration: Point2D) {
  this._acceleration = acceleration;
}
・・・続く・・・
```

必要なアクセサは、サブクラス固有のプロパティ（速度、加速度）だけです。それ以外のアクセサはスーパークラスにあるので実装不要です。

コンストラクタ

アクセサに続けて、コンストラクタを追加しましょう。

```
/**
 * コンストラクタ
 * @param params    初期化パラメータ
 */
constructor(params: MovableObjectParams) {
```

```
  super(params);                                            ①
  this._velocity = params.velocity;                         ②
  this._acceleration = params.acceleration;                 ③
 }
・・・続く・・・
```

　コンストラクタが受け取る引数のうち、MovableObjectに固有のプロパ
ティ（velocity, acceleration）はMovableObject自身のプロパティへ初期値
として代入しますが（②③）、それ以外は全てsuperでGameObjectのコンス
トラクタに渡します（①）。

　TextObjectクラスのコンストラクタ（232ページ）ではHTML要素を生成
してからsuperに渡しましたが、MovableObjectクラスは自分でHTML要
素を生成せずに、コンストラクタで受け取ったものをそのままsuperに渡
します。これは、MovableObjectに割り当てるHTML要素（img要素）が、
MovableObjectを継承するサブクラス（自機や隕石など）によって異なるか
らです。自機を生成するときは自機の画像を使い、隕石を生成するときは隕
石の画像を使わなければなりません。そのためには、MovableObjectのコン
ストラクタでHTML要素を生成するのではなく、MovableObjectのサブクラ
ス（自機や隕石など）で生成したものをMovableObjectのコンストラクタが
受け取るようにする必要があります。

HTML要素はサブクラスが生成

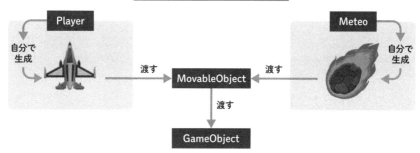

　次の図は、PlayerからMovableObjectに渡された初期化パラメータが、
最上位のスーパークラスGameObjectに届くまでの様子を表しています。
MovableObjectは自分のために必要なパラメータだけを取り出し、残りは全
部スーパークラスに丸投げしていることが読み取れます。

初期化パラメータの受け渡し

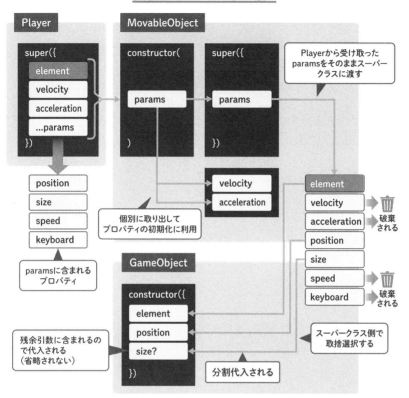

丁寧に読み解こう

 move メソッド

　コンストラクタに続けて move メソッドを追加しましょう。MovableObject は IMovable インターフェースを implements しているので、このメソッドを実装しなければなりません（未実装だとコンパイルエラー）。

```
/**
 * 移動
 */
```

```
move(): void {
  this.position.x += this.velocity.x;
  this.position.y += this.velocity.y;
}
・・・続く・・・
```

　オブジェクトの移動は、167ページの考え方に沿って「現在の座標に速度を加算」することによって実現します。

accelerateメソッド

　次にオブジェクトを加速するaccelerateメソッドを追加しましょう。これもIMovableインターフェースの実装上、必須です。

```
/**
 * 加速
 */
accelerate(): void {
  this.velocity.x += this.acceleration.x;
  this.velocity.y += this.acceleration.y;
}
・・・続く・・・
```

　オブジェクトの加速は、167ページの考え方に沿って「現在の速度に加速度を加算」することによって実現します。

stopメソッド

　次にオブジェクトを強制的に停止させるstopメソッドを追加しましょう。これもIMovableインターフェースの実装上、必須です。

```
/**
 * 停止
 */
```

```
stop(): void {
  this.acceleration = { x: 0, y: 0 };
  this.velocity = { x: 0, y: 0 };
}
・・・続く・・・
```

　オブジェクトの停止は、「加速するのをやめて、速度を0に」することによって実現します。速度を0にしただけでは次の瞬間に加速がはたらいて動き出すからです。

　当アプリケーションではstopメソッドを使用する場面はありませんが、IMovableインターフェースが備えるべきふるまいとしてmoveと対になるstopは不可欠なので、実装しておきましょう。

 ## updateメソッド

　最後にオブジェクトの状態を更新するupdateメソッドを追加しましょう。

```
/**
 * 更新
 */
update(): void {
  this.accelerate(); // 加速
  this.move(); // 移動
  super.update();
}
}
・・・続く・・・
```

　updateメソッドはスーパークラスのコンストラクタで設定したタイマーによって50ミリ秒ごとに呼び出されます。updateが呼び出されるたびに「①加速→②移動→③描画」を行えば、オブジェクトが自動で動いているように見えます。そのため、MovableObjectのupdateでは①加速と②移動を行ってからスーパークラスのupdateを呼び出します。③の描画処理はGameObjectのupdateメソッドが実行してくれるからです。

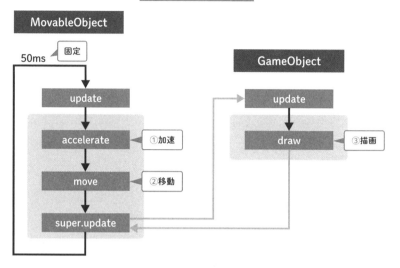

updateメソッドの動作

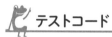 テストコード

app.tsに次のテストコードを記述して実行してみましょう。

● app.ts

```typescript
import MovableObject from "./class/movableObject.js";
import { Util } from "./utility/util.js";

// 弾1を生成
const shot1 = new MovableObject({
 element: Util.createElement({
  name: "img",
  attr: { src: "./assets/images/shot.png" },
 }),
 position: { x: 50, y: -32 },
 size: { x: 20, y: 65 },
 velocity: { x: 0, y: 5 },
 acceleration: { x: 0, y: 2 },
});
```

```
// 弾2を生成
const shot2 = new MovableObject({
  element: Util.createElement({
    name: "img",
    attr: { src: "./assets/images/shot.png" },
  }),
  position: { x: 90, y: -32 },
  size: { x: 20, y: 65 },
  velocity: { x: 0, y: 5 },
  acceleration: { x: 0, y: 2 },
});
```

　ここでは、MovableObjectクラスを直接newして、弾のオブジェクトを2つ生成しています（最終的には弾専用のShotクラスを実装して使用します）。2つの弾は少しだけ距離を空けて画面の下側に配置し、画面の上に向かって加速しながら動くように、速度と加速度のY成分を与えます（横に動かないようにX成分は0にします）。

　実行結果は次のようになります。位置や速度の初期値をいろいろ変えて、弾の動き方に反映されることを確認してみましょう。

テスト結果

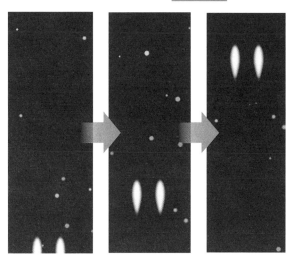

下から出てきて
上に動いていく
よ

Scoreクラスの実装

 型定義モジュール(type.ts) の編集

type.tsに、Scoreクラスのコンストラクタが受け取る引数の組み合わせをオブジェクトにしたScoreParams型を追加しましょう。

● **type.ts**

```
/**
 * TextObjectParams型：コンストラクタ引数
 */
export type TextObjectParams = {
  position: Point2D; //位置
  fontName: string; //書体
  fontSize: number; // 文字サイズ
  text: string; // テキストの内容
};
・・・中略・・・
/**
 * ScoreParams型：コンストラクタ引数
 */
export type ScoreParams = TextObjectParams & {
  score: number; // スコアの値
};
```

Scoreクラスは TextObjectクラスを継承するので、必ずTextObjectと同じプロパティを持ちます。そのため、コンストラクタの引数はScoreクラス固有のプロパティに初期値を与えるscoreパラメータと、TextObjectParamsを

合成した形になります。このような場合、**インターセクション型（交差型）**を利用して型を合成します。インターセクション型は「&」で型を連結します。

書式

```
type T3 = T1 & T2;
```

こうすると、T3はT1型とT2型を合せた（合成した）型になります。ScoreParamsは次の記述と同じ意味になります。

```
export type ScoreParams = {
  position: Point2D; // 位置
  fontName: string; // 書体
  fontSize: number; // 文字サイズ
  text: string; // テキストの内容
  score: number; // スコアの値
};
```

インターセクション型にしておくと、TextObjectParams型の定義が変わったときコードを変更しなくても自動的にScoreParamsにも変更が反映されるメリットがあります。

 ## プロパティとアクセサ

ではScoreクラスの作成に移ります。スーパークラスであるTextObject とコンストラクタ引数の型定義をインポートして、Scoreクラス固有のプロパティを追加しましょう。

● score.ts

```
import TextObject from "./textObject.js";
import { ScoreParams } from "../utility/type.js";

/**
 * Scoreクラス
 */
export default class Score extends TextObject {
```

```
/**
 * プロパティ
 */
protected _score: number; // スコアの値
・・・続く・・・
```

スーパークラスのTextObjectと、TextObjectのスーパークラスである
GameObjectが所有しているプロパティ（186ページ）は継承しているので追
加する必要がありません。また、_scoreの値はゲームの進行に沿って変化す
るのでreadonlyはつけません。

プロパティに続けて、アクセサを追加しましょう。

```
/**
 * アクセサ
 */
set score(score: number) {
 this._score = score;
}
・・・続く・・・
```

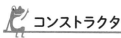 ## コンストラクタ

アクセサに続けて、コンストラクタを追加しましょう。

```
/**
 * コンストラクタ
 * @param params     初期化パラメータ
 */
constructor(params: ScoreParams) {
 super(params);
 this._score = params.score;
}
・・・続く・・・
```

コンストラクタ引数のうち、Scoreクラス固有のプロパティ（score）はScore自身のプロパティへ初期値として代入しますが、それ以外のパラメータはスーパークラスのプロパティを初期化するためのものなので、paramsをそのままスーパークラスのコンストラクタへ渡し、スーパークラスに初期化を任せます。

 ## drawメソッド

コンストラクタに続けてdrawメソッドを追加しましょう。このメソッドはTextObjectから継承していますが、scoreプロパティの数値を10桁の文字列に整形してから描画しなければならないので、サブクラス側でオーバーライドします。

```
/**
 * 描画
 */
draw(): void {
  // テキストを整形
  this._text = this._score.toString().padStart(10, "0");
  super.draw();
}
}
```

整形後の描画処理はスーパークラスに任せればよいのでsuper.draw()を呼び出します。

 ## テストコード

app.tsに次のテストコードを記述して実行してみましょう。234〜235ページではスーパークラスのTextObjectを直接利用しましたが、今度はサブクラスのScoreを利用して同じことを実装します。

● app.ts

```
import Score from "./class/score.js";
import Screen from "./class/screen.js";
```

```
// Scoreのインスタンスを生成
const obj = new Score({
  position: { x: 25, y: Screen.height - 25 },
  fontName: "Bungee Inline",
  fontSize: 40,
  text: "0000000000",
  score: 123456789,
});
```

textプロパティは描画時にscoreプロパティを元に整形されるので空文字列""にしても構いませんが、ここでは書式（先頭ゼロ埋め10桁）を明確にするため"0000000000"を指定しています。

コンパイルして実行してみましょう。235ページと同じ表示になるはずです。

テスト結果

不要な初期化パラメータの省略

テストコードではtextプロパティに初期値を与えましたが、本当はnew Scoreに渡す必要のないパラメータです。そこで、初期化パラメータからtextを省略できるように、ユーティリティ型のOmit（154ページ）を利用することを検討してみましょう。

まず、スーパークラスの初期化パラメータから text プロパティを削除したものと score プロパティを合成した型に変更します。

● **type.ts**

```
export type ScoreParams = Omit<TextObjectParams, "text"> & {
  score: number; // スコアの値
};
```

これで ScoreParams から text プロパティを削除できましたが、今度は Score クラスのコンストラクタでスーパークラスのコンストラクタを呼び出す部分でコンパイルエラーが発生します。

スーパークラスのコンストラクタでエラー

```
/**
 * コンストラクタ
 * @param params        初期化パラメータ
 */
constructor(params: ScoreParams) {
  super(params);
  this._    型 'ScoreParams' の引数を型 'TextObjectParams' のパラメーターに割り当てること
}           はできません。
/**          プロパティ 'text' は型 'ScoreParams' にありませんが、型 'TextObjectParams'
           では必須です。 ts(2345)
```

これは、TextObject のコンストラクタは text プロパティを要求している（省略可能ではない）からです。そこで、TextObjectParams 型の text に「?」をつけてオプショナルにします。

● **type.ts**

```
/**
 * TextObjectParams型：コンストラクタ引数
 */
export type TextObjectParams = {
  position: Point2D; //位置
  fontName: string; //書体
  fontSize: number; // 文字サイズ
  text?: string; // テキストの内容
};
```

次に、TextObjectのコンストラクタで引数からtextプロパティを参照している箇所をNull合体演算子（216ページ）を使って書き換えます。textパラメータが省略された場合（undefinedの場合）は空文字列""をtextプロパティに代入します。

● textObject.ts

```
/**
 * コンストラクタ
 * @param params      初期化パラメータ
 */
constructor(params: TextObjectParams) {
 super({
  element: Util.createElement({
   name: "div",
  }),
  ...params,
 });
 this._fontName = params.fontName;
 this._fontSize = params.fontSize;
 this._text = params.text ?? "";
}
```

以上の変更が終わったらapp.tsに記述したScoreコンストラクタ引数からtextプロパティを削除しましょう。再度コンパイルして、250ページと同じテスト結果になることを確認しておきましょう。

> **Point!** 🐋
> オプショナルな初期化パラメータを利用するときはNull合体演算子などを利用して、省略された場合のデフォルト値を設定します。

Levelクラスの実装

型定義モジュール(type.ts)の編集

type.tsに、Levelクラスのコンストラクタが受け取る引数の組み合わせをオブジェクトにしたLevelParams型を追加しましょう。

● **type.ts**

```
/**
 * LevelParams型：コンストラクタ引数
 */
export type LevelParams = Omit<TextObjectParams, "text"> & {
  level: number; // レベルの値
};
```

Scoreクラスと同様に、Levelクラスも初期化パラメータのtextを必要としません。そのため、コンストラクタの引数はLevelクラス固有のプロパティに初期値を与えるlevelパラメータと、TextObjectParamsを合成したインターセクション型にします。

型定義が済んだら次はLevelクラスの実装です。LevelクラスはScoreクラスと考え方がほとんど同じなので、Scoreクラスと見比べながら、どこが同じでどこが違うかを意識しながら作成していきましょう。

プロパティとアクセサ

ではLevelクラスの作成に移ります。スーパークラスであるTextObject とコンストラクタ引数の型定義をインポートして、Levelクラス固有のプロパティを追加しましょう。

● level.ts

```ts
import TextObject from "./textObject.js";
import { LevelParams } from "../utility/type.js";

/**
 * Level クラス
 */
export default class Level extends TextObject {
  /**
   * プロパティ
   */
  protected _level: number; // レベルの値
・・・続く・・・
```

　スーパークラスの TextObject と、TextObject のスーパークラスである GameObject が所有しているプロパティ（186 ページ）は継承しているので追加する必要がありません。また、_level の値はゲームの進行に沿って変化するので readonly はつけません。

　プロパティに続けて、アクセサを追加しましょう。

```ts
  /**
   * アクセサ
   */
  set level(level: number) {
    this._level = level;
  }
・・・続く・・・
```

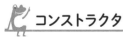 ## コンストラクタ

　アクセサに続けて、コンストラクタを追加しましょう。

```ts
  /**
```

```
 * コンストラクタ
 * @param params     初期化パラメータ
 */
constructor(params: LevelParams) {
 super(params);
 this._level = params.level;
}
・・・続く・・・
```

　コンストラクタ引数のうち、Levelクラス固有のプロパティ（level）は
Level自身のプロパティへ初期値として代入しますが、それ以外のパラメー
タはスーパークラスのプロパティを初期化するためのものなので、params を
そのままスーパークラスのコンストラクタへ渡し、スーパークラスに初期化
を任せます。

 ## drawメソッド

　コンストラクタに続けてdrawメソッドを追加しましょう。このメソッド
は TextObject から継承していますが、"LEVEL:"の後ろに level プロパティの
数値を文字列にして連結したものを描画しなければならないので、サブクラ
ス側でオーバーライドします。

```
/**
 * 描画
 */
draw(): void {
 // テキストを整形
 this._text = "LEVEL:" + this._level.toString();
 super.draw();
}
}
```

　整形後の描画処理はスーパークラスに任せればよいので、super.draw() を
呼び出します。

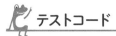 **テストコード**

app.tsに次のテストコードを記述して実行してみましょう。

● **app.ts**

```
import Level from "./class/level.js";
import Screen from "./class/screen.js";

// Levelのインスタンスを生成
const obj = new Level({
  position: { x: 25, y: Screen.height - 25 },
  fontName: "Bungee Inline",
  fontSize: 24,
  level: 1,
});
```

期待どおりの表示になったでしょうか？

<u>テスト結果</u>

\Column/

型エイリアスとインターフェースの拡張方法

　型エイリアス（type）で定義した型を拡張するにはインターセクション（247
ページ）を使いますが、インターフェースを拡張するには2つの方法があります。
1つはクラスと同様にextendsで継承する方法です。この場合、新たな名前のイ
ンターフェースが追加される形になります。

```
/**
 * ITextインターフェース
 */
export default interface IText {
  _fontName: string; // 書体
  _fontSize: number; // 文字サイズ
  _text: string; // テキストの内容
}
// 拡張インターフェース
export interface ITextEx extends IText {
  _color: string; // 文字の色
}
```

　もう1つは、同じ名前のインターフェースを追加する方法です。

```
/**
 * ITextインターフェース
 */
export default interface IText {
  _fontName: string; // 書体
  _fontSize: number; // 文字サイズ
  _text: string; // テキストの内容
}
// 拡張インターフェース
export default interface IText {
  _color: string; // 文字の色
}
```

一見するとどちらがデフォルトエクスポートの対象なのか混乱しますが、実は同じ名前のインターフェースは定義内容が合成（マージ）されます。ITextは最初から4つのプロパティを持つインターフェースとして認識されます。そのため、後から追加したほうの拡張インターフェースもexport defaultしなければなりません。

　また、同じ名前のインターフェースでプロパティを再定義するとコンパイルエラーになります。

```
export default interface IText {
  _fontSize: 40 | 50 | 60; // コンパイルエラー
}
```

　ただし、継承したインターフェースで型を緩めたプロパティを再定義することはできます。このことを利用すると、元のインターフェースを継承した中間インターフェースで型を anyなどに緩めておき、さらにそれを継承した拡張インターフェースで目的の型に制限すれば、結果的に「任意の数値→40|50|60のいずれか」に制限することができます。

```
/**
 * 型の制限を緩和した中間インターフェース
 */
interface _IText extends IText {
  _fontSize: any; // 型の制限を緩和
}
/**
 * 拡張インターフェース
 */
export interface ITextEx extends _IText {
  _fontSize: 40 | 50 | 60;
}
```

Comet クラスの実装

 型定義モジュール(type.ts) の編集

　type.tsに、Cometクラスのコンストラクタが受け取る引数の組み合わせをオブジェクトにしたCometParams型を追加しましょう。

● **type.ts**

```
/**
 * CometParams型：コンストラクタ引数
 */
export type CometParams = Omit<MovableObjectParams, "element">;
```

　Cometクラスはスーパークラスから継承したプロパティしか持たないので、コンストラクタが受け取るパラメータは直接のスーパークラスであるMovableObjectのコンストラクタ引数と同じMovableObjectParams型で十分です。

　しかし、HTML要素(elementパラメータ)はサブクラスごとに異なるため、CometParams型はOmitを使ってMovableObjectParams型からelementを削除した型とします。

 コンストラクタ

　ではCometクラスの作成に移ります。スーパークラスとコンストラクタ引数の型定義、Util名前空間をインポートしてコンストラクタを追加しましょう。

● **comet.ts**

```
import MovableObject from "./movableObject.js";
```

```javascript
import { CometParams } from "../utility/type.js";
import { Util } from "../utility/util.js";

/**
 * Comet クラス
 */
export default class Comet extends MovableObject {
  /**
   * コンストラクタ
   * @param params    初期化パラメータ
   */
  constructor(params: CometParams) {
    super({
      element: Util.createElement({
        name: "img",
        attr: {
          src: "./assets/images/comet.png",
          class: "blink",
        },
      }),
      ...params,
    });
  }
}
```

　スーパークラスに渡すパラメータのうち、elementはCometクラス自身が
流星の画像（comet.png）を表示するimg要素を生成します。それ以外のパラ
メータは、全てCometが受け取った引数paramsを残余引数にしてスーパー
クラスに渡します。

　また、流星は点滅しながら移動するので、game.cssに実装した点滅用の
CSSクラス名"blink"がつくようにします。createElement関数が実行される
と、次の要素がDOMに挿入されます。

```
<img src="./assets/images/comet.png" class="blink">
```

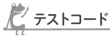
テストコード

app.tsに次のテストコードを記述して実行してみましょう。

● **app.ts**

```ts
import Comet from "./class/comet.js";
import Screen from "./class/screen.js";

// Cometのインスタンスを生成
const obj = new Comet({
  position: { x: 0, y: Screen.height - 50 },
  size: { x: 50, y: 50 },
  velocity: { x: 6, y: -3 },
  acceleration: { x: 0.6, y: -0.3 },
});
```

　点滅する流星が、画面の左上から右下に向かってわずかに加速しながら放物線の軌道に沿って流れていく様子が確認できます。

テスト結果

　positionのX座標を「画面の横幅 + 流星の横幅 ÷ 2」つまり「Screen.width + 25」以上にして、velocityとaccelerationのX成分をマイナスの数値にすると、画面の右側から現れて左下に向かって流れる軌道になります。

また、accelerationを変えずにvelocityを大きくすると流れが早くなり、velocityを変えずにaccelerationを大きくすると加速が強く効いて軌道が短くなります。

```
const obj1 = new Comet({
  position: { x: 0, y: Screen.height - 50 },
  size: { x: 50, y: 50 },
  velocity: { x: 6, y: -3 },
  acceleration: { x: 0.6, y: -1 },
});

const obj2 = new Comet({
  position: { x: Screen.width + 25, y: Screen.height - 50 },
  size: { x: 50, y: 50 },
  velocity: { x: -6, y: -3 },
  acceleration: { x: -0.6, y: -0.3 },
});
```

軌道の調整

Meteoクラスの実装

型定義モジュール（type.ts）の編集

type.tsに、Meteoクラスのコンストラクタが受け取る引数の組み合わせをオブジェクトにしたMeteoParams型を追加しましょう。

● type.ts

```
/**
 * MeteoParams型：コンストラクタ引数
 */
export type MeteoParams = Omit<MovableObjectParams, "element"> & {
  power: number; //強度
};
```

Meteoクラスはスーパークラスから継承したプロパティに加えて、強度（power）を固有のプロパティに持ちます。ただし、先ほど作成したCometクラスと同様に、HTML要素（element）はMeteoクラス自身が生成する責任を負うので、コンストラクタが受け取るパラメータは直接のスーパークラスである「MovableObjectのコンストラクタ引数からelementを削除した型」と「powerプロパティだけを持つオブジェクト型」を合成したインターセクション型とします。

プロパティとアクセサ

スーパークラスであるMovableObjectとコンストラクタ引数の型定義、Util名前空間をインポートして、Meteoクラス固有のプロパティを追加しましょう。

● **meteo.ts**

```typescript
import MovableObject from "./movableObject.js";
import { MeteoParams } from "../utility/type.js";
import { Util } from "../utility/util.js";

/**
 * Meteo クラス
 */
export default class Meteo extends MovableObject {
 /**
 * プロパティ
 */
 protected _power: number; // 隕石の強度
 protected readonly _initial_power: number; // 初期強度
・・・続く・・・
```

スーパークラスのプロパティは継承しているので追加する必要がありません。コンストラクタで初期値を受け取る強度（power）と、強度の初期値（initial_power）の2つを追加します。強度は弾を当てると減少しますが、初期値は変わらないのでreadonlyをつけて保護しましょう。

プロパティに続けて、アクセサを追加しましょう。

```typescript
/**
 * アクセサ
 */
get power(): number {
 return this._power;
}
set power(power: number) {
 this._power = power;
}
get initial_power(): number {
```

```
  return this._initial_power;
 }
・・・続く・・・
```

 ## コンストラクタ

アクセサに続けて、コンストラクタを追加しましょう。

```
/**
 * コンストラクタ
 * @param params     初期化パラメータ
 */
constructor(params: MeteoParams) {
 super({
  element: Util.createElement({
   name: "img",
   attr: { src: "./assets/images/meteo.png" },
  }),
  ...params,
 });
 this._power = params.power;
 this._initial_power = params.power;
 }
・・・続く・・・
```

　コンストラクタ引数のうち、Meteoクラス固有のプロパティ（power）は
Meteo自身のプロパティへ初期値として代入しますが、それ以外のパラメー
タはスーパークラスのプロパティを初期化するためのものなので、paramsを
そのままスーパークラスのコンストラクタへ渡し、スーパークラスに初期化
を任せます。強度の初期値（initial_power）はpowerと同じ値を代入して保持
します。

　コンストラクタに続けてdrawメソッドを追加しましょう。このメソッド
はGameObjectから継承しているので、Meteoクラスでオーバーライドし
なくても隕石は表示できますが、強度に応じて表示の大きさと色相を変える
（160〜162ページの仕様）必要があるので次のようにオーバーライドします。

```
/**
 * 描画
 */
draw(): void {
  // 強度の減少に伴って小さくなる
  const scale = (this.power / this.initial_power).toString();
  this.element.style.transform = "scale(" + scale + ")";
  // 強度に応じて色相を変える
  const h_angle = ((this.power % 12) * 30).toString();
  this.element.style.filter = "hue-rotate(" + h_angle + "deg)";
  super.draw();
}
}
```

　HTML要素の見た目の大きさを変える方法はいくつかありますが、ここで
は表示の倍率を表すCSSのscale()関数を使ってtransformプロパティ（図形
を様々に変形させるCSSプロパティ）を更新します。
　scale()関数の書式は次のとおりです。

書式
```
scale(x)
```

　scale(1.5)は本来の1.5倍、scale(1)は等倍（変化なし）、scale(0)は大き
さが0（見えなくなる）を意味します。
　たとえば強度4の隕石に弾を当てて強度が2まで減少したとき、元の強
度を1とする現在の強度の割合をxに当てはめるとx=2/4=0.5になるので、
scale(0.5)が要素に適用されて隕石は半分の大きさで表示されます。強度が
0になったときはx=0/4=0なのでscale(0)つまり見えなくなります。

　また、要素が持つ色相環（184ページ）を回転させるCSSのhue-rotate()関数を使ってfilterプロパティ（ぼかしや色変化などグラフィック効果を与えるCSSプロパティ）を更新すると、画像の見た目の色が変わります。ここでは強度1〜12の12段階を1サイクルとして色相環を30度ずつ回転させていきます。360度進むと1回転して元の色に戻ってきます。

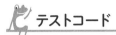 テストコード

　app.tsに次のテストコードを記述して実行してみましょう。

● app.ts

```
import Meteo from "./class/meteo.js";
import Screen from "./class/screen.js";

// Meteoのインスタンスを生成
const params = {
  position: { x: 250, y: Screen.height + 75 },
  size: { x: 150, y: 150 },
  velocity: { x: -1, y: -1 },
  acceleration: { x: 0, y: -0.3 },
  power: 1,
};
const obj1 = new Meteo(params);
// 位置と強度を変更したMeteoのインスタンスを生成
params.position = { x: 450, y: Screen.height + 75 };
params.power = 2;
const obj2 = new Meteo(params);
```

テスト結果

Shotクラスの実装

 型定義モジュール(type.ts)の編集

type.tsに、Shotクラスのコンストラクタが受け取る引数の組み合わせを
オブジェクトにしたShotParams型を追加しましょう。

● **type.ts**

```
/**
* ShotParams型：コンストラクタ引数
*/
export type ShotParams = Omit<MovableObjectParams, "element"> & {
 power: number; //強度
};
```

Shotクラスは先ほど作成したMeteoクラスと同じく強度(power)をプロ
パティに持ちます。そのため、コンストラクタ引数の型はMeteoクラスと同
じです。

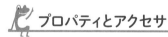 **プロパティとアクセサ**

スーパークラスであるMovableObject とコンストラクタ引数の型定義、
Util名前空間をインポートして、強度のプロパティを追加しましょう。

● **shot.ts**

```
import MovableObject from "./movableObject.js";
import { ShotParams } from "../utility/type.js";
import { Util } from "../utility/util.js";
```

```
/**
 * Shot クラス
 */
export default class Shot extends MovableObject {
  /**
   * プロパティ
   */
  protected readonly _power: number; // 弾の強度
・・・続く・・・
```

　弾は隕石に当たると1回で消滅するので、生成後に強度が変化することは
ありません。そのため、readonlyをつけて保護しましょう。

　プロパティに続けて、アクセサを追加しましょう。

```
/**
 * アクセサ
 */
get power(): number {
  return this._power;
}
・・・続く・・・
```

コンストラクタ

　アクセサに続けて、コンストラクタを追加しましょう。

```
/**
 * コンストラクタ
 * @param params    初期化パラメータ
 */
constructor(params: ShotParams) {
  super({
```

```
    element: Util.createElement({
      name: "img",
      attr: { src: "./assets/images/shot.png" },
    }),
    ...params,
  });
  this._power = params.power;
}
・・・続く・・・
```

コンストラクタの実装は、強度の初期値を持たない点を除くと Meteo クラスと全く同じです。HTML 要素だけ自分で生成して、他のパラメータはスーパークラスコンストラクタへ渡し、スーパークラスに初期化を任せます。

 ## drawメソッド

隕石と同じく弾も強度によって色相を変化させる必要があります。そのため、draw メソッドをオーバーライドして描画処理を変更しましょう。

```
/**
 * 描画
 */
draw(): void {
  // 強度に応じて色相を変える
  const h_angle = ((this.power % 12) * 30).toString();
  this.element.style.filter = "hue-rotate(" + h_angle + "deg)";
  super.draw();
}
}
```

色相環を回転させる角度が 1 ～ 12 の 12 段階で変化するように、強度を 12 で割った余り（0 ～ 11 のいずれかになる）に 30 度をかけた角度だけ hue-rotate() 関数で弾の色相を変更します。

● 進行方向に画像を傾ける

　弾の画像が進行方向と同じ向きになるようにしてみましょう。CSSの transformプロパティにrotate()関数で回転を加えると、HTML要素が回転することを利用します。少し数学を使いますが、公式を覚える必要はありません。「どこの角度を求めているのか」を理解するだけで構いません。

　図のように、画面のY軸方向を基準とする弾の発射角度をθとします。そして、速度の成分（x,y）を2辺とする直角三角形に注目します。

角度の求め方

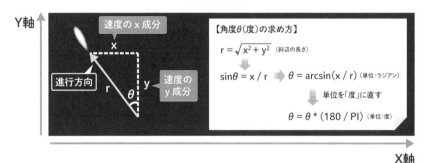

　最も長い辺（斜辺）の長さをrとすると、三角関数のsin（サイン）を使うとθとrの間にはsin θ =x/rが成り立ち、逆三角関数のarcsin（アークサイン）を使うとθ =arcsin(x/r)になります。

　ここに、ピタゴラスの定理（三平方の定理）から求まる$r=\sqrt{x^2+y^2}$を代入するとθが計算できます。このθは単位が弧度法（ラジアン）なので、度（度数法）に直すために180/PIを掛けます（PIは円周率）。

　θを変数angleとしてJavaScriptのMathオブジェクトを使うと次のように記述できます。

```
draw(): void {
  // 強度に応じて色相を変える
  const h_angle = ((this.power % 12) * 30).toString();
  this.element.style.filter = "hue-rotate(" + h_angle + "deg)";
  // 発射角度を設定する
```

```
const { x, y } = this.velocity;
const r = Math.sqrt(x ** 2 + y ** 2);
const r_angle = Math.asin(x / r) * (180 / Math.PI);
this.element.style.transform = "rotate(" + r_angle + "deg)";
// 描画する
super.draw();
}
```

テストコード

　app.tsに次のテストコードを記述して、画面の下から色の異なる弾（強度の異なる弾）を3方向同時に発射してみましょう。

● app.ts

```
import Shot from "./class/shot.js";
import Screen from "./class/screen.js";

// 1つ目のShotを生成
const obj1 = new Shot({
  position: { x: Screen.width / 2, y: 0 },
  size: { x: 20, y: 65 },
  velocity: { x: 0, y: 20 },
  acceleration: { x: 0, y: 2 },
  power: 1,
});
// 2つ目のShotを生成
const obj2 = new Shot({
  position: { x: Screen.width / 2, y: 0 },
  size: { x: 20, y: 65 },
  velocity: { x: -10, y: 20 },
  acceleration: { x: 0, y: 2 },
  power: 4,
});
```

```
// 3つ目のShotを生成
const obj3 = new Shot({
  position: { x: Screen.width / 2, y: 0 },
  size: { x: 20, y: 65 },
  velocity: { x: 10, y: 20 },
  acceleration: { x: 0, y: 2 },
  power: 7,
});
```

　1つ目の弾は、真っすぐ上に進むように速度も加速度もY成分だけを持たせます。2つ目の弾は左斜め上に進むように速度にマイナスのX成分を持たせ、3つ目の弾は右斜め上に進むように速度にプラスのX成分を持たせます。

テスト結果

360度対応の弾を実装してみよう！

実は271ページの計算式は、速度のY成分にマイナスの値を指定した場合に弾が正しい方向を向きません。次のように式を分岐すると全方向に対応できます。

```
draw(): void {
 // 強度に応じて色相を変える
 const h_angle = ((this.power % 12) * 30).toString();
 this.element.style.filter = "hue-rotate(" + h_angle + "deg)";
 // 発射角度を設定する
 const { x, y } = this.velocity;
 const r = Math.sqrt(x ** 2 + y ** 2);
 let r_angle = 0;
 if (y >= 0) {
  r_angle = Math.asin(x / r) * (180 / Math.PI);
 } else {
  if (x <= 0) {
   r_angle = Math.asin(y / r) * (180 / Math.PI) - 90;
  } else {
   r_angle = Math.asin(x / r) * (180 / Math.PI) + 90;
  }
 }
 this.element.style.transform = "rotate(" + r_angle + "deg)";
 // 描画する
 super.draw();
}
```

全方向に対応した弾

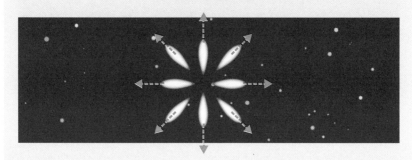

Player クラスの実装

 型定義モジュール(type.ts)の編集

type.ts に、Player クラスのコンストラクタが受け取る引数の組み合わせを
オブジェクトにした PlayerParams 型を追加しましょう。

● **type.ts**

```
/**
 * PlayerParams型：コンストラクタ引数
 */
export type PlayerParams =
  Omit<MovableObjectParams, "element" | "velocity" | "acceleration"> & {
  speed: number; // 速さ
  keyboard: Keyboard; // キーボード
};
```

キーボードオブジェクト
を持たせるよ

Player クラスも MovableObject を継承しますが、自機はキーボードで一定
速度で動かすため速度と加速度は不要です。代わりに、キーボードオブジェ
クトのインスタンスと、移動の速さ（スピード）を持ちます。

PlayerParams 内で KeyBoard 型を使用するので、type.ts の先頭にインポー
ト文を追加して keyboard.js を読み込みましょう。

```
import Keyboard from "../class/keyboard.js";
```

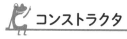 プロパティとアクセサ

　スーパークラスであるMovableObject とコンストラクタ引数の型定義、
Util名前空間、Keyboardクラスをインポートして、Playerクラス固有のプロ
パティを追加しましょう。

● player.ts

```
import MovableObject from "./movableObject.js";
import { PlayerParams } from "../utility/type.js";
import { Util } from "../utility/util.js";
import Keyboard from "./keyboard.js";

/**
 * Player クラス
 */
export default class Player extends MovableObject {
 /**
  * プロパティ
  */
 protected _speed: number; // 速さ
 protected readonly _keyboard: Keyboard; // キーボード制御用
・・・続く・・・
```

　速さもキーボードも更新する必要がないのでreadolyをつけます。また、
これらのプロパティはPlayerクラス自身が自分のメソッドの中で参照し、ク
ラスの外部から参照する必要がありません。そのため、アクセサは作成しま
せん。

コンストラクタ

　アクセサに続けて、コンストラクタを追加しましょう。

```
/**
 * コンストラクタ
```

```
 * @param params     初期化パラメータ
 */
constructor(params: PlayerParams) {
 super({
  element: Util.createElement({
   name: "img",
   attr: { src: "./assets/images/player.png" },
  }),
  velocity: { x: 0, y: 0 },
  acceleration: { x: 0, y: 0 },
  ...params,
 });
 this._speed = params.speed;
 this._keyboard = params.keyboard;
}
・・・続く・・・
```

　Playerは速度と加速度を必要としないためコンストラクタ引数にvelocity
とaccelerationは含まれていませんが、スーパークラスのコンストラクタに
渡す引数には必要です。そのため、X成分Y成分ともに0を指定したパラメー
タを渡します。speedとkeyboardパラメータは自身のプロパティに設定しま
す。

moveメソッド

　コンストラクタに続けてmoveメソッドを追加しましょう。

```
/**
 * 移動
 */
move(): void {
 // 速度更新
 if (this._keyboard.up && !this._keyboard.down) {
  this.velocity.y = this._speed;                    ①
```

```
  } else if (!this._keyboard.up && this._keyboard.down) {
    this.velocity.y = -this._speed;                                      ②
  } else {
    this.velocity.y = 0;                                                 ③
  }
  if (this._keyboard.left && !this._keyboard.right) {
    this.velocity.x = -this._speed;                                      ④
  } else if (!this._keyboard.left && this._keyboard.right) {
    this.velocity.x = this._speed;                                       ⑤
  } else {
    this.velocity.x = 0;                                                 ⑥
  }
  // 移動
  super.move();
 }
}
```

①は上方向のキーが押されているとき、②は下方向のキーが押されているとき、③は上下どちらも押されていないときを判定しています。④は左方向のキーが押されているとき、⑤は右方向のキーが押されているとき、⑥は左右どちらも押されていないときを判定しています。

moveメソッドが1回呼び出されるたびにspeedプロパティの値だけ座標を動かします。moveメソッドは、スーパークラスGameObjectのタイマーによって50ミリ秒ごとに実行されるので、50ミリ秒間にspeedの値だけ自機が動きます。

境界チェック

今の状態では自機を画面の外に動かすことができてしまいます。キーボードを押し続けたとしても自機の座標が画面の外に出ないための処理（境界チェック）を追加しましょう。追加するタイミングは、座標が更新された直後、つまりsuper.move()を実行した直後です。

境界チェックは自機だけでなく、自動で動く隕石や弾、流星などが画面外に出たかどうかを判定するためにも使いますので、util.tsに共通関数として実装します。

util.ts の先頭に GameObject、Point2D、Screen のインポート文を追加したら、createElement 関数に続けて次の関数を追加しましょう。

● util.ts

```
/**
 * オブジェクトの座標を画面内に制限
 * @param obj      検査対象のオブジェクト
 * @param strict    true: 厳密な制限 /false: 緩い制限
 * @returns Point2D   制限された座標
 */
export const clampScreen = <T extends GameObject>
(obj: T, strict: boolean = false): Point2D => {
  let [x, y] = [obj.position.x, obj.position.y];
  let offsetX = obj.size.x / 2;
  let offsetY = obj.size.y / 2;
  // X座標を制限
  x = Math.max(x, offsetX);                           ②
  x = Math.min(x, Screen.width - offsetX);            ①
  // Y座標を制限
  y = Math.max(y, offsetY);                           ④
  y = Math.min(y, Screen.height - offsetY);           ③
  // 制限された座標
  return {
    x: x,
    y: y,
  };
};
```

この関数は GameObject を継承するオブジェクトとフラグ（後述します）を引数で受け取り、オブジェクトの position プロパティから X 座標と Y 座標を読み取って画面内かどうかを判定します。たとえば画面の右端は Screen.width ですが、単純に X 座標と Screen.width を比較するのではなく、オブジェクト自身の大きさを考慮することに注意してください。

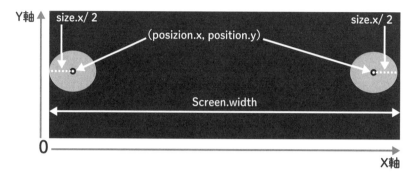

X軸方向の境界チェック

オブジェクトが画面の両端に
接しているときを考えよう

　オブジェクトを obj とすると、画面の右端を越えない条件は、

> obj.position.x + (obj.size.x / 2) <= Screen.width

　オブジェクトの位置を基準にして書き換えると

> obj.position.x <= Screen.width - (obj.size.x / 2) ——— ①

になります。同様に、画面の左端を越えない条件は、

> obj.position.x >= obj.size.x / 2 ——— ②

と表すことができます。コード内の①②は条件式①②に対応しています。

　同様に、画面の上下端を越えない条件式は次のように表せます。

> obj.position.y <= Screen.height - (obj.size.y / 2) ——— ③

> obj.position.y >= obj.size.y / 2 ——— ④

　なお、Math.max(a,b) はａとｂの大きいほうを返し、Math.min(a,b) はａとｂの小さいほうを返すので、もしもオブジェクトの座標値が①〜④の範囲を超えていた場合、ｘとｙには強制的に境界値が代入されます。

　さて、自機の場合はこれでよいのですが、隕石や弾、流星の場合はオブジェクトが完全に画面の外に出てからプログラムから削除しなくてはならないので、それまでは「画面内にある」と判定しなければなりません。自機と同じ判定を使うと、オブジェクトが画面の境界に少しでも接触したタイミングで消えてしまい、不自然な挙動になります。

　そこで、この関数に「オブジェクトが完全に画面外に出たかどうかを判定するモード」を追加するために、引数に strict（strict: 厳密な）というフラグを追加します。このフラグが true で関数が呼び出されたときは、自機用の判定方法（画面の境界に少しでも接触したかどうかを判定）を行い、フラグが false で呼び出されたときは自機以外のオブジェクト用の判定方法（完全に画面外に出たかどうかを判定）を行うようにします。offsetX と offsetY を次のように書き換えましょう。

```
// ↓変更前↓
// let offsetX = obj.size.x / 2;
// let offsetY = obj.size.y / 2;
// ↓変更後↓
// 厳密な制限の場合、少しでも画面外にはみ出していれば制限する
// 緩い制限の場合、少しでも画面内に入っていれば制限しない
let offsetX = strict ? obj.size.x / 2 : -(obj.size.x / 2);
let offsetY = strict ? obj.size.y / 2 : -(obj.size.y / 2);
```

　作成した clampScreen 関数は、Chapter08 で作成するメインプログラムで利用します。

　move メソッドの super.move() の直後に clampScreen 関数の呼び出しを追加しましょう。

● player.ts

```
// 移動
super.move();
// 境界チェック
this.position = Util.clampScreen(this, true);
```

 テストコード

　app.tsに次のテストコードを記述して実行してみましょう。

● app.ts

```
import Screen from "./class/screen.js";
import Player from "./class/player.js";
import Keyboard from "./class/keyboard.js";

// 自機を生成
const player = new Player({
  position: { x: Screen.width / 2, y: 50 },
  size: { x: 100, y: 90 },
  speed: 20,
  keyboard: new Keyboard(),
});
```

　画面下の中央に自機が表示されるので、キーボードの矢印キーで操作してみましょう。キーボードに矢印キーがない場合は、代わりに数字の8（上）、6（右）、2（下）、4（左）キーで動きます。

テスト結果（初期表示）

初期位置

最初はこの位置に
表示されるよ

　どのように進んでも、画面の端を超えることなく自機の位置が制限されていることが確認できます。

テスト結果（位置の制限）

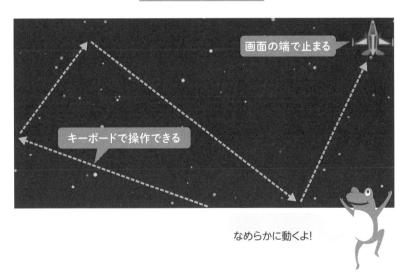

画面の端で止まる

キーボードで操作できる

なめらかに動くよ!

実際には50ミリ秒周期のタイマーによってspeedの値（20px）ずつ動かしているので、本来であれば不連続にカクカクした動きになりますが、GameObjectのコンストラクタ（215ページ）でHTML要素のCSSにトランジションを指定しているため、滑らかに位置が変化していきます。

```
// トランジションの設定
this._element.style.transition = "all 0.1s linear 0s";
```

放置型シューティングゲーム
（メインプログラム）

インポートとプロパティの追加

 メインクラスの作成

メインプログラムを記述する game.ts に、ゲーム内で使用するクラス等の定義をインポートして、空のクラスを作成しましょう。

● game.ts

```
import Screen from "./screen.js";
import Keyboard from "./keyboard.js";
import Score from "./score.js";
import Level from "./level.js";
import Comet from "./comet.js";
import Meteo from "./meteo.js";
import Shot from "./shot.js";
import Player from "./player.js";
import { Util } from "../utility/util.js";
import { Point2D } from "../utility/type.js";

/**
 * Game クラス
 */
export default class Game {}
```

型定義（type.ts）は一部の処理で使用する Point2D をインポートしておきましょう。後から保存データ用の型定義を追加します。

次に、HTML に app.js が読み込まれると自動的にメインプログラムが起動するように、app.ts に Game クラスのインポート文を追加して Game インスタンスを生成するコードを記述しましょう。

● app.ts

```
import Game from "./class/game.js";


// ゲームのインスタンスを生成する
const game = new Game();
```

　app.tsの役目はゲームを起動することなので、ゲームの内容（メインプログラム）が変わっても、app.tsを変更する必要はありません。

 ## プロパティの追加

　187ページの表に沿ってプロパティを追加しましょう。

● game.ts

```
export default class Game {
  /**
   * プロパティ
   */
  private readonly _player: Player; // 自機
  private _shots: Array<Shot>; // 弾
  private _comets: Array<Comet>; // 流星
  private _meteos: Array<Meteo>; // 隕石
  /* テキスト */
  private _score: number; // スコアの値
  private _level: number; // レベルの値
  private readonly _scoreBoard: Score; // スコアボード
  private readonly _levelBoard: Level; // レベルボード
  /* タイマー */
  private readonly _mainTimer: number; // メインタイマー
  private readonly _cometTimer: number; // 流星タイマー
  private _shotTimer: number; // 弾タイマー
  private _meteoTimer: number; // 隕石タイマー
  private _shotInterval: number; // 弾の生成インターバル
  private _meteoInterval: number; // 隕石の生成インターバル
・・・続く・・・
```

　自機とスコアとレベルの表示（以後スコアボード、レベルボードと呼びます）は常に1個しか存在せず、プロパティを再代入する必要がないのでreadonlyを

つけて保護します。一方、弾と隕石と流星は動的に生成・消滅を行うのでオブジェクトの配列にします。オブジェクト自身は再代入されませんが配列自体は要素の追加と削除を行う必要があるのでreadonlyをつけません。

　また、4つのタイマーIDのうち、弾タイマーと隕石タイマーは現在のレベルに応じてイベントの発生間隔（インターバル）が変化していくので、その都度新しくタイマーIDを生成して再代入します。そのためreadonlyをつけません。一方、メインタイマーと流星タイマーは常にインターバルが一定なのでタイマーIDの再代入は必要ありません。

　なお、Gameクラスは継承されることのない最終のクラスです。そのため、プロパティのスコープは全てprivateにして隠蔽しましょう。

app.tsの役割

　ゲームの具体的な内容を制御するgame.tsに対して、app.tsはアプリケーションの制御を担当するモジュールです。本書のGameクラスはインスタンスを生成するとゲームが起動するので、app.tsはnew Game()を即時実行するだけですが、起動・中断・再開・停止といった操作をGameクラスのpublicなメソッドとして実装した場合、app.tsがキーボードのイベントを監視してそれらのメソッドを呼び出します。

アプリケーションの制御

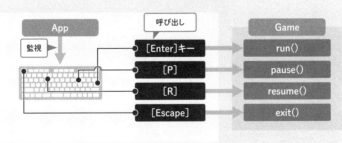

　Gameクラスが自分で制御を行わない理由は、入力デバイスやキーの割り当てが変わったとき、Gameクラスを修正しなくてもapp.tsを変更するだけで対応できるからです。

メソッドのコメントコーディング

 プログラムの全体を部分に分ける

　長いプログラムは小さな部品（関数やメソッド）に分割し、部品ごとに作成していくのが効率的です。そのために、188ページの表に沿って空のメソッドを作成しましょう。ひとつひとつのメソッドの役割は独立しているので、戻り値は返しません（void）。また、引数はメソッドを実装するとき決めることにして、全て空にしておきましょう。なお、Game クラスは継承されないクラスなので、メソッドは private にします。

　このとき、189ページの簡易チャートに記載した処理内容をコメントで書き込んでおくことがポイントです。

● **game.ts**

```
/**
 * コンストラクタ
 */
constructor() {
  // オブジェクトを初期化
  // ゲームの状態を復元
  // 各種タイマーを起動
}

/**
 * メインタイマー処理
 */
private mainTimer(): void {
  // スコアを加算
```

```
  // 境界チェック
  // 衝突判定
  // ゲームの状態を保存
}


/**
 * スコア加算
 */
private addScore(): void {
  // スコアを更新
  // updateLevel を呼び出す
}


/**
 * レベル更新
 */
private updateLevel(): void {
  // レベルを更新
}


/**
 * 境界チェック
 */
private checkBoundary(): void {
  // 境界チェック
}


/**
 * 衝突判定
 */
private detectCollision(): void {
  // 衝突判定
}
```

```
/**
 * 弾の生成
 */
private createShot(): void {
  // 同時発射数と初期位置を決める
  // 弾の強度を求める
  // 弾を生成して配列に追加
  // 弾を生成するタイマーの間隔を更新
}


/**
 * 隕石の生成
 */
private createMeteo(): void {
  // 初期位置を決める
  // 隕石の強度を求める
  // 隕石を生成して配列に追加
  // 隕石を生成するタイマーの間隔を更新
}


/**
 * 流星の生成
 */
private createComet(): void {
  // 初期位置を決める
  // 流星を生成して配列に追加
}


/**
 * 保存
 */
private save(): void {
```

```
  // ゲームの状態を保存する
}


/**
 * ロード
 */
private load(): void {
  // ゲームの状態を復元する
}
}
```

　コメントで記述した処理内容はプログラムの骨格となり、考え違いやプログラムミスを防止する重要な役割を果たします。このように、実行可能なコードの代わりにコメントを使って処理の手順を記述する手法をコメントコーディングと呼びます。

　関数の中だけでなく、関数を宣言する際に「関数の役割や引数・戻り値の型と意味」を記述するのもコメントコーディングの一環です。

　コードを書くという行為は、日本語をプログラミング言語に翻訳していることと同じです。ですから、やりたいことを先に日本語で書き出してしまえば、プログラムは9割完成したといっても過言ではありません。コメントは後付けで説明や解説をするために書くのではなく、コードよりも先に書くものというように意識を切り替えると、プログラミングは何倍も早く上達するでしょう。

> **Point! 🐾　コメントコーディングのメリット**
> ・やりたいことが明確になり見失いにくくなる
> ・プログラムの課題を事前に発見しやすくなる

オブジェクトの初期化

 動くオブジェクトの初期化

オブジェクトを初期化するコメントを記述した場所に、動くオブジェクト
の初期化処理を追加しましょう。

①自機は画面下の中央に配置します。②sizeは画像（player.png）のサイズ
です。自機の画像は高さが90pxなので、位置のY座標を45にするとちょう
ど画面の下端に一致します。③弾と流星と隕石は格納用の配列を初期化しま
しょう。

● game.ts
```ts
/**
 * コンストラクタ
 */
constructor() {
  // 自機を生成
  this._player = new Player({
    position: { x: Screen.width / 2, y: 45 },          ①
    size: { x: 100, y: 90 },                           ②
    speed: 20,
    keyboard: new Keyboard(),
  });
  // 配列を初期化
  this._shots = []; // 弾
  this._comets = []; // 流星                           ③
  this._meteos = []; // 隕石
・・・続く・・・
```

動かないオブジェクトの初期化

スコアの初期値を0、レベルの初期値を1として、スコアボードとレベルボードを画面の左上に生成しましょう。

```javascript
// スコアの表示を初期化
this._score = 0;
this._scoreBoard = new Score({
  position: { x: 25, y: Screen.height - 25 },
  fontName: "Bungee Inline",
  fontSize: 40,
  score: this._score,
});
// レベルの表示を初期化
this._level = 1;
this._levelBoard = new Level({
  position: { x: 25, y: Screen.height - 75 },
  fontName: "Bungee Inline",
  fontSize: 24,
  level: this._level,
});
・・・続く・・・
```

ブラウザの画面サイズを変更しても同じ位置に表示されるように、位置のY座標は「画面の高さ（Screen.height）から●pxだけ下がった位置」と指定することに注意しましょう。

ゲームの状態の復元とタイマーの起動

続けて、①loadメソッドを呼び出してゲームの状態を復元し、②弾タイマーと隕石タイマーの間隔（インターバル）に初期値を設定しましょう。160〜162ページの通り、弾の発射間隔は初期値が1秒、隕石の出現間隔は初期値が2秒です。

```
  // ゲームの状態を復元
  this.load();                                                    ①
  // タイマーの実行間隔
  this._shotInterval = 1000;
  this._meteoInterval = 2000;                                     ②
  // 各種タイマーを開始
  this._mainTimer = setInterval(this.mainTimer.bind(this), 50);   ③
  this._shotTimer = setInterval(this.createShot.bind(this), this._shotInterval);
  this._cometTimer = setInterval(this.createComet.bind(this), 5000);
  this._meteoTimer = setInterval(this.createMeteo.bind(this), this._
meteoInterval);
  }
```

③タイマーは189ページの簡易チャートに記載した4つのメソッド（イベントハンドラ）を割り当てます。それぞれのメソッド内でGameクラスのインスタンスをthisで参照できるように、bind関数を使ってコンストラクタ内でのthis（Gameオブジェクト）を関連付けます（216ページ参照）。

 テスト実行

コンストラクタができたらコンパイルして実行してみましょう。スコアとレベルが表示された画面内で自機が自由に動かせます。

テスト結果

04

弾タイマーの実装

 同時発射数と位置・速度・加速度

　弾タイマーによって定期的に呼び出される createShot メソッドを実装して、自機から自動的に弾が発射されるようにしていきましょう。まずはコンストラクタに渡すパラメータをどのように準備するかを考えます。

コンストラクタに渡すパラメータ

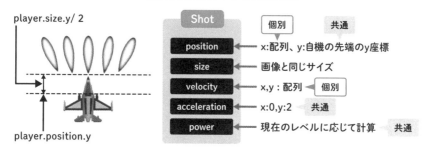

　レベルが上がると1回の createShot メソッド呼び出しで複数個の弾を生成（同時発射）する必要があるので、弾ごとに値が異なるパラメータは同時発射数だけ要素を持った配列にします。

　①配列にするのは、座標のX成分（x_array）と速度（v_array）です。速度の成分はxとyの2つの値を持つ Point2D 型（212ページ）で表すことができるので、Array<Point2D> 型で宣言します。
　②弾のY座標は自機のちょうど正面にするので、全ての弾で共通です。③サイズ（size）と④加速度（acceleration）も共通です。

● game.ts

```
private createShot(): void {
 // 弾のサイズ
 const size = { x: 20, y: 65 };                                     ③
 // 弾の加速度
 const acceleration = { x: 0, y: 2 };                               ④
 // 弾のX座標
 const x_array: Array<number> = [];
 // 弾の速度
 const v_array: Array<Point2D> = [];                                ①
 // 同時発射数と初期位置を決める
 if (this._level < 5) {                                             ⑤
  // LV4以下 1 way
  // x_arrayとv_arrayに1個分のX座標と速度をセット
 } else if (this._level < 10) {
  // LV5以上 2 way
  // x_arrayとv_arrayに2個分のX座標と速度をセット
 } else if (this._level < 20) {
  // LV10以上 3 way
  // x_arrayとv_arrayに3個分のX座標と速度をセット
 } else if (this._level < 50) {
  // LV20以上 5 way
  // x_arrayとv_arrayに5個分のX座標と速度をセット
 } else {
  // LV50以上 7 way
  // x_arrayとv_arrayに7個分のX座標と速度をセット
 }
 // 弾のY座標
 const y = this._player.position.y + this._player.size.y / 2;       ②
・・・続く・・・
```

　現在のレベルと同時発射数、発射方向は160ページのとおりにif文で分岐し、x_arrayとv_arrayにX座標と速度を積み込みます。⑤の分岐を次のように書き換えましょう。

```javascript
if (this._level < 5) {
  // LV4以下 1 way
  x_array.push(this._player.position.x);
  v_array.push({ x: 0, y: 20 });
} else if (this._level < 10) {
  // LV5以上 2 way
  x_array.push(this._player.position.x - size.x);
  x_array.push(this._player.position.x + size.x);
  v_array.push({ x: 0, y: 20 });
  v_array.push({ x: 0, y: 20 });
} else if (this._level < 20) {
  // LV10以上 3 way
  x_array.push(this._player.position.x - size.x);
  x_array.push(this._player.position.x);
  x_array.push(this._player.position.x + size.x);
  v_array.push({ x: 0, y: 20 });
  v_array.push({ x: 0, y: 20 });
  v_array.push({ x: 0, y: 20 });
} else if (this._level < 50) {
  // LV20以上 5 way
  x_array.push(this._player.position.x - size.x * 2);
  x_array.push(this._player.position.x - size.x);
  x_array.push(this._player.position.x);
  x_array.push(this._player.position.x + size.x);
  x_array.push(this._player.position.x + size.x * 2);
  v_array.push({ x: -4, y: 20 });
  v_array.push({ x: -2, y: 20 });
  v_array.push({ x: 0, y: 20 });
  v_array.push({ x: 2, y: 20 });
  v_array.push({ x: 4, y: 20 });
} else {
  // LV50以上 7 way
  x_array.push(this._player.position.x - size.x * 3);
  x_array.push(this._player.position.x - size.x * 2);
  x_array.push(this._player.position.x - size.x);
```

```
    x_array.push(this._player.position.x);
    x_array.push(this._player.position.x + size.x);
    x_array.push(this._player.position.x + size.x * 2);
    x_array.push(this._player.position.x + size.x * 3);
    v_array.push({ x: -6, y: 20 });
    v_array.push({ x: -4, y: 20 });
    v_array.push({ x: -2, y: 20 });
    v_array.push({ x: 0, y: 20 });
    v_array.push({ x: 2, y: 20 });
    v_array.push({ x: 4, y: 20 });
    v_array.push({ x: 6, y: 20 });
  }
```

　位置のX座標は自機の中心（player.position.x）を基準として、複数発射の場合は左右対称に配置します。速度はX成分を少しずつずらすことで斜めに動くようにします。

弾の強度

　配列が用意できたので、次は弾の強度（power）を計算して決定します。この計算はレベルの値を引数で受け取る関数にしてutil.tsに追加しましょう。組み込みオブジェクトのMathを使って160ページの計算式を実装すると次のようになります。

● util.ts

```
/**
 * 生成する弾の強度
 * @param level      現在のレベル
 * @returns number    強度
 */
export const getShotPower = (level: number): number => {
  // 1000を上限としてレベルに応じて強度が増していく
  return Math.min(Math.floor(Math.pow(level, 1.3)), 1000);
};
```

Math.pow はべき乗、Math.floor は小数点以下の切り捨て、Math.min(a,b) は a と b の小さいほうを返す関数です。これで getShotPower は 1000 を上限 としてレベルの 1.3 乗を返す関数になります。

では game.ts に戻って、Y 座標に続けて getShotPower を呼び出して強度を 取得しましょう。

● **game.ts**

```
// 弾のY座標
const y = this._player.position.y + this._player.size.y / 2;
// 弾の強度を求める
const power = Util.getShotPower(this._level);
・・・続く・・・
```

弾を生成して配列に追加

次に、forEach ループで弾の個数（配列 x_array の要素数）だけ Shot オブ ジェクトの生成を繰り返しながら、_shots（弾の配列）に追加していきます。 ここで、createShot 関数の冒頭で宣言した変数を使ってコンストラクタに渡 します。

```
// 弾を生成して配列に追加
x_array.forEach((x: number, i: number) => {
 const position = { x: x, y: y };
 const velocity = v_array[i];
 this._shots.push(
  new Shot({
    position: position,
    size: size,
    velocity: velocity,
    acceleration: acceleration,
    power: power,
  })
 );
```

```
    });
・・・続く・・・
```

　続いて、現在のレベルに応じて弾の発射間隔を再計算（計算式は160ペー
ジ）して、弾タイマーを設定しなおします。

```
// 弾を生成するタイマーの間隔を更新
clearInterval(this._shotTimer);                                    ①
this._shotInterval = Math.max(100, 1000 - this._level);            ②
this._shotTimer = setInterval(this.createShot.bind(this),
        this._shotInterval);                                       ③
}
```

　①clearIntervalを呼び出して現在の弾タイマーを停止し、②再計算した
発射間隔でGameクラスのプロパティを更新します。そして、③更新後の発
射間隔を使って弾タイマーを再設定します。発射するたびにタイマーの停止
と再設定を行うことによって、常に現在のレベルに応じた発射間隔になりま
す。

　これでcreateShot関数は完成です。コンパイルして実行してみましょう。
自機の正面から1秒ごとに自動で弾が発射されます。

弾タイマーの完成

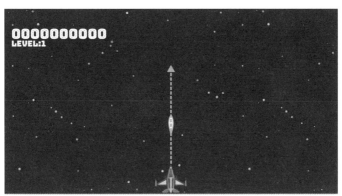

Chapter08

隕石タイマーの実装

位置・速度・加速度

　隕石タイマーによって定期的に呼び出される createMeteo メソッドを実装して、画面上から自動的に隕石が降ってくるようにしていきましょう。まずはコンストラクタに渡すパラメータをどのように準備するかを考えます。

コンストラクタに渡すパラメータ

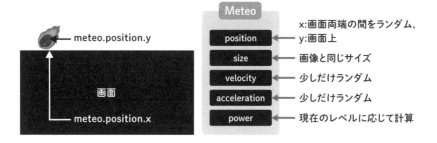

　弾と違って隕石は createMeteo メソッドの呼び出し1回につき1個ずつ生成するので、引数の準備に配列は使いません。

　位置と速度と加速度にランダム性を持たせるために、util.ts に共通関数を追加しておきましょう。

● util.ts

```
/**
 * 指定範囲内の乱数を取得
 * @param min     最小値
 * @param max     最大値
```

302

```
 * @returns number    乱数
 */
export const random = (min: number,max: number): number => {
  // min と max の間のランダムな数値
  return Math.random() * (max - min) + min;
};
```

　この関数は最小値と最大値を引数で受け取り、その間にあるランダムな数値を返します。この関数を使ってコンストラクタを実装していきます。

● game.ts

```
private createMeteo(): void {
  // 隕石のサイズ
  const size = { x: 150, y: 150 };                    ①
  // 隕石の座標
  const position = {
    x: Util.random(0, Screen.width),                  ②
    y: Screen.height + 75,
  };
  // 隕石の速度
  const velocity = {
    x: Util.random(-2, -1),
    y: Util.random(-1, 1),                            ③
  };
  // 隕石の加速度
  const acceleration = {
    x: 0,
    y: Util.random(-1, 0),                            ④
  };
・・・続く・・・
```

　①サイズは画像（meteo.png）と同じ大きさにします。②位置のX座標は画面の左端と右端の位置をrandam関数に渡してランダムにします。y座標は画面の上端から画像の高さの半分だけさらに上の位置を指定して、ちょうど画

面の外に出現させます。

③速度は画像が左向きなのでX成分をマイナスにします。少しだけ速度に
ランダム性を持たせるために、X成分は-2〜-1、Y成分は-1〜1の間で幅
を持たせます。Y成分がプラス（0〜1）だった場合でも下に落ちていくよう
に、④加速度のY成分を反対方向の同じ大きさ（-1〜0）にします。こうする
と、上に移動しようとする速度成分を下に引っ張る加速度成分が打ち消すこ
とになり、適度な速度で落ちていきます。

隕石の強度

次は隕石の強度（power）を計算して決定します。弾の強度と同様に、現在
のレベルの値を引数で受け取る共通関数をutil.tsに追加しましょう。

● util.ts

```
/**
 * 生成する隕石の強度
 * @param level      現在のレベル
 * @returns number    強度
 */
export const getMeteoPower = (level: number): number => {
  // 5000を上限としてレベルに応じて強度が増していく
  return Math.min(Math.floor(Math.pow(level, 1.5)),5000);
};
```

getMeteoPowerは5000を上限としてレベルの1.5乗を返します。

ではgame.tsに戻ります。加速度に続けてgetMeteoPowerを呼び出して強
度を取得しましょう。

● game.ts

```
private createMeteo(): void {
  ・・・
  // 隕石の加速度
  const acceleration = {
```

```
  x: 0,
  y: Util.random(-1, 0),
 };
 // 隕石の強度を求める
 const power = Util.getMeteoPower(this._level);
・・・続く・・・
```

 ## 隕石を生成して配列に追加

　次に、Meteoオブジェクトを生成して_meteos（隕石の配列）に追加していきます。

```
 // 隕石を生成して配列に追加
 this._meteos.push(
  new Meteo({
   position: position,
   size: size,
   velocity: velocity,
   acceleration: acceleration,
   power: power,
  })
 );
・・・続く・・・
```

　続いて、現在のレベルに応じて隕石の出現間隔を再計算（計算式は162ページ）して、隕石タイマーを設定しなおします。

```
 // 隕石を生成するタイマーの間隔を更新
 clearInterval(this._meteoTimer);                          ①
 this._meteoInterval = Math.max(500, 2000 - this._level * 100);   ②
 this._meteoTimer = setInterval(this.createMeteo.bind(this),
      this._meteoInterval);                                ③
}
```

①clearIntervalを呼び出して現在の隕石タイマーを停止し、②再計算したインターバル（間隔）でGameクラスのプロパティを更新します。そして、③更新後のインターバルを使って隕石タイマーを再設定します。生成するたびにタイマーの停止と再設定を行うことによって、常に現在のレベルに応じたインターバルになります。createMeteo関数内でのthis、すなわちGameオブジェクトをbindすることに注意しましょう。

　これでcreateMeteo関数は完成です。コンパイルして実行してみましょう。画面の上から2秒ごとに隕石が降ってきます。

隕石タイマーの完成

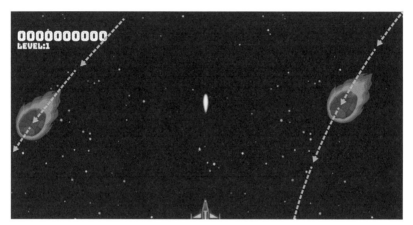

ゲームらしくなってきた!

　まだ衝突判定を実装していないので弾は隕石をすり抜けていきますが、オブジェクトが増えてゲーム画面らしくなってきました。

流星タイマーの実装

 位置・速度・加速度

　流星タイマーによって定期的に呼び出されるcreateCometメソッドを実装して、画面の左右から自動的に流星が現れるようにしていきましょう。まずはコンストラクタに渡すパラメータをどのように準備するかを考えます。

コンストラクタに渡すパラメータ

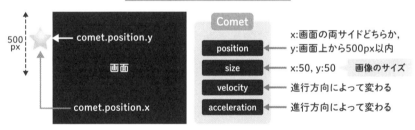

　流星が画面の左右どちらから出現するかは50%の確率とします。左から出現したときは右下へ、右から出現したときは左下へ移動するように、速度の成分を設定します。ただし、あまり下側から出現すると自機が追い付けないので、Y座標は画面の上端から500px以内に制限します。

　以上を踏まえてコンストラクタに渡すパラメータを次のように用意しましょう。「初期位置を決める」とコメントコーディングした箇所を次のように実装します。

● **game.ts**

```
/**
 * 流星の生成
```

```
*/
private createComet(): void {
 // 流星のサイズ
 const size = { x: 50, y: 50 };                                    ①
 // 流星の座標
 const position = { x: 0, y: 0 };                                  ②
 // 流星の速度
 const velocity = { x: 0, y: 0 };                                  ③
 // 流星の加速度
 const acceleration = { x: 0, y: 0 };                              ④
 // 50%の確率で出現位置と移動方向を分岐
 if (Util.random(0, 100) < 50) {
  [position.x, position.y] = [Screen.width + 25,
                         Screen.height - Util.random(0, 500)];
  [velocity.x, velocity.y] = [-6, -3];
  [acceleration.x, acceleration.y] = [-0.6, -0.3];
 } else {
  [position.x, position.y] = [-25, Screen.height - Util.random(0, 500)];
  [velocity.x, velocity.y] = [6, -3];
  [acceleration.x, acceleration.y] = [0.6, -0.3];
 }
・・・続く・・・
```

　①サイズは画像（comet.png）と同じ大きさにします。②③④位置と速度と加速度は50%の確率で初期値を分岐するため、仮の値（0）で宣言し、分岐内で正しい値を設定します。ランダムな確率を決定する際はrandom関数が利用できます。

流星を生成して配列に追加

　次に、Cometオブジェクトを生成して_comets（流星の配列）に追加していきます。

```
// 流星を生成して配列に追加
```

```
this._comets.push(
  new Comet({
    position: position,
    size: size,
    velocity: velocity,
    acceleration: acceleration,
  })
);
```

　これでcreateComet関数は完成です。コンパイルして実行してみましょう。画面の左右から5秒ごとに流星が出現し、点滅しながら流れていきます。

流星タイマーの完成

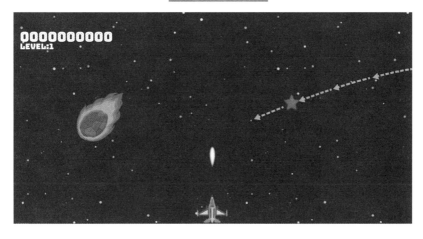

　これで画面に表示されるオブジェクトは全て登場しました。あとはメインタイマーを実装して以下の処理を追加すれば完成です。

　・オブジェクトの衝突処理
　・オブジェクトの消滅処理
　・スコアの加算処理
　・レベルアップの処理
　・ゲームの保存とロード

メインタイマーの実装

 メインタイマーのイベントハンドラ

コメントコーディングしたメソッドを使って、189ページの簡易チャート
の通りにmainTimerメソッドを実装すると次のようになります。

● game.ts

```
/**
 * メインタイマー処理
 */
private mainTimer(): void {
  // スコアを加算
  this.addScore(1);                          ①
  // 境界チェック
  this.checkBoundary();                      ②
  // 衝突判定
  this.detectCollision();                    ③
  // ゲームの状態を保存
  this.save();                               ④
}
```

スコアは3つのタイミング（159ページ）で増加し、それぞれ加算される値
が異なるので、addScoreメソッドは引数で指定された値だけスコアを加算
することにします。なお、mainTimerは50ミリ秒ごとに呼び出されるので、
159ページの「時間が経過したとき（0.05秒ごとに1点）」に該当します。そ
のため、①addScore(1)を呼び出します。

②③④はmainTimerで行う処理を分割したメソッドなので、呼び出される
タイミングに応じた引数を受け取る必要がありません。引数無しで呼び出す

だけです。

では、①②③④の実装に移りましょう。

 ## ①スコアの自動加算（addScoreメソッド）

addScoreメソッドで行うことは次の3つです。

・Gameクラスの_scoreプロパティを加算

・それをスコアボードのプロパティに反映

・次のレベルまでに必要なスコアに達していればレベルアップ処理

```
/**
 * スコア加算
 * @param score 加算するスコア
 */
private addScore(score: number): void {
  // スコアを更新
  this._score += score;
  this._scoreBoard.score = this._score;
  // レベルを更新
  this.updateLevel();
}
```

●レベル更新の判定（updateLevelメソッド）

現在のスコアが、次のレベルまでに必要なスコアに達していればレベルが上がったと判定します。そこで、util.tsに「次のレベルまでに必要なスコア」を返すgetNextScore関数を追加しましょう。

●util.ts

```
/**
 * 次のレベルに必要なスコア
 * @param level       現在のレベル
 * @returns number    スコア
```

```
*/
export const getNextScore = (level: number): number => {
  // レベルが上がるごとに必要スコアが増えていく
  return Math.floor(Math.pow(level, 2) * 100);
};
```

次のレベルまでに必要なスコアは、現在のレベルを元にして159ページの計算式で求めることができます。そのため、getNextScoreはレベルの値を引数で受け取ります。

では、game.tsに戻って、updateLevelメソッドを実装しましょう。

● game.ts

```
/**
 * レベル更新
 */
private updateLevel(): void {
  // 次のレベルに必要なスコア
  const nextScore = Util.getNextScore(this._level);
  // 必要スコアへの到達判定
  if (nextScore <= this._score) {
    // レベルを更新
    this._level++;
    // レベル描画更新
    this._levelBoard.level = this._level;
  }
}
```

現在のスコアがgetNextScore関数で求めた値に達していれば、レベルを1加算します。そして、レベルが上がった場合はレベルボードのプロパティにも反映します。スコアもレベルも、描画処理はオブジェクト自身のタイマー（GameObjectクラス内）が行ってくれるので、メインプログラムではオブジェクトのプロパティを更新するだけで十分です。

ここまで実装したらコンパイルして実行してみましょう。スコアが100に

なったらレベルが2に上がる様子が確認できます。

スコアとレベルの連動

```
0000000050
LEVEL:1
```

```
0000000356
LEVEL:2
```

②境界チェック（checkBoundaryメソッド）

　次にオブジェクトの境界チェックを実装しましょう。自動で動くオブジェクト（弾と隕石と流星）が画面の描画領域の外に出たらプログラムから削除する処理です。コメントコーディングをインデント付きで詳細化すると、次のようになります。

```
/**
 *境界チェック
 */
private checkBoundary(): void {
 // 全ての弾を繰り返す（ループ）
  // 画面外に出たかどうか（条件分岐）
    // 弾を消去
 // 全ての流星を繰り返す（ループ）
  // 画面外に出たかどうか（条件分岐）
    // 流星を削除
 // 全ての隕石を繰り返す（ループ）
  // 画面外に出たかどうか（条件分岐）
    // 隕石を削除
}
```

このように書き出してみると、共通の処理が見えてきます。

①オブジェクトが画面外に出たかどうかを判定する処理
②オブジェクトをプログラムから削除する処理

①と②をそれぞれ関数にして util.ts に追加しましょう。

● util.ts

```
/**
 * オブジェクトが画面外に出たかどうか判定
 * @param obj     検査対象のオブジェクト
 * @returns boolean    true:画面外/false:画面内
 */
export const isOutsideScreen = <T extends GameObject>(obj: T): boolean => {
  let result = false;
  // 画面内に制限した座標を求める
  const clamped_pos = Util.clampScreen(obj, false);
  // 制限前後の座標が不一致ならば画面外
  if (clamped_pos.x !== obj.position.x || clamped_pos.y !== obj.position.y) {
    result = true;
  }
  // 判定結果
  return result;
};
```

判定対象のオブジェクトは、GameObject のサブクラスなら何でも判定できるようにジェネリクスを使います。

画面外かどうかは279ページで作成した clampScreen 関数を利用して判定します。clampScreen の第2引数を false にして呼び出すと、オブジェクトが完全に画面の外に出ていれば画面内に収めた座標を返し、オブジェクトが少しでも画面内に入っていればオブジェクトの座標をそのまま返します。そのため、clampScreen 関数の戻り値とオブジェクトの現在の座標（X成分とY成分の両方）が一致しなければ画面外であると判定できます。

次に、オブジェクトをプログラムから削除する関数を追加しましょう。

● util.ts

```
/**
 * ゲームオブジェクトの削除
 * @param obj        削除対象オブジェクト
 * @param array       オブジェクトを含む配列
 */
export const removeObject = <T extends GameObject>(obj: T,
array?: Array<T>): void => {
  // HTML要素をDOMから削除
  obj.dispose();
  // オブジェクトを配列から削除
  if (typeof array !== "undefined") {
    array.splice(array.indexOf(obj), 1);
  }
};
```

　DOMからオブジェクトを削除する処理はスーパークラスGameObjectのdisposeメソッド（219ページ）に実装しましたので、これを呼び出します。disposeメソッドを呼び出すためには第1引数がGameObjectのサブクラスであることをコンパイラに明示する必要があります。そのため、第1引数の型をジェネリクスにします。

　また、弾と隕石と流星はメインプログラム内では配列で管理しているので、配列からも削除しなければなりません。そこで第2引数でオブジェクトが所属している配列を受け取り、indexOf関数でオブジェクトが格納されているインデックス番号を取得してsplice関数で配列要素を削除します。第2引数は必ず指定しますが、アプリケーションを拡張して同時に1個しか存在しないオブジェクトが追加された場合は配列から削除する処理が不要なので、オプショナルにしておきます。

　先ほどのisOutsideScreen関数と組み合わせると、checkBoundaryメソッドは次のように記述できます。

● game.ts

```
/**
```

```
 * 境界チェック
 */
private checkBoundary(): void {
 // 全ての弾を繰り返す
 this._shots.forEach((shot) => {
  // 画面外に出たかどうか
  if (Util.isOutsideScreen(shot)) {
   // 弾を消去
   Util.removeObject<Shot>(shot, this._shots);
  }
 });
 // 全ての流星を繰り返す
 this._comets.forEach((comet) => {
  // 画面外に出たかどうか
  if (Util.isOutsideScreen(comet)) {
   // 流星を削除
   Util.removeObject<Comet>(comet, this._comets);
  }
 });
 // 全ての隕石を繰り返す
 this._meteos.forEach((meteo) => {
  // 画面外に出たかどうか
  if (Util.isOutsideScreen(meteo)) {
   // 隕石を削除
   Util.removeObject<Meteo>(meteo, this._meteos);
  }
 });
}
```

　画面外に出たオブジェクトがDOMと配列の両方から削除されることを確認するため、checkBoudaryメソッドの最後に次のテストコードを追加して実行してみましょう。

```
console.log("shot:" + this._shots.length);
console.log("meteo:" + this._meteos.length);
console.log("comet:" + this._comets.length);
```

　デベロッパーツールのElementsタブで</body>の直前を見ると、隕石と流星と弾の<img>要素が生成されては削除されていく様子を確認できます。Consoleタブを見ると、メインタイマーが実行されるたびに現在のオブジェクト数が出力され、せいぜい2〜3個までしか配列要素が増えないことが確認できます。

DOMの状態

隕石（meteo.png）流星（comet.png）弾（shot.png）が
無限に増加し続けていないことを確認。

```
<img src="./assets/images/meteo.png" style="width: 150px; height: 150px; transition: all 0.1s line
0s; opacity: 1; transform: scale(1); filter: hue-rotate(60deg); position: fixed; left: 1112.37px; b
ttom: 53.3571px;">
<img src="./assets/images/comet.png" class="blink" style="width: 50px; height: 50px; transition: a
0.1s linear 0s; opacity: 1; position: fixed; left: 538px; bottom: 11.017px;">
<img src="./assets/images/shot.png" style="width: 20px; height: 65px; transition: all 0.1s linear
s; opacity: 1; filter: hue-rotate(60deg); transform: rotate(0deg); position: fixed; left: 758px; b
tom: 547.5px;">
</body>
```

配列の状態

生成されては消えていくので、
0〜3以内で変動する

shot:0
meteo:2
comet:0
shot:0
meteo:2
comet:0
shot:0
meteo:2
comet:0
shot:1
meteo:2
comet:0
shot:1
meteo:2
comet:0
shot:1
meteo:2
comet:0
shot:1
meteo:2
comet:0

③衝突判定（detectCollisionメソッド）

いよいよ大詰めです。オブジェクト同士の衝突判定を実装しましょう。コメントコーディングをインデント付きで詳細化すると、次のようになります。

● game.ts

```
/**
 * 衝突判定
 */
private detectCollision(): void {
  // 全ての流星を繰り返す
    // 自機と流星の衝突判定
      // 流星を削除
      // 次のレベルまでに必要なスコアを加算
  // 全ての弾を繰り返す
    // 全ての隕石を調査する
      // 隕石と弾の衝突判定
        // 命中したらスコアを加算
        // 隕石の強度を減らし、破壊したら消去
        // 弾を消去
        // 調査終了
}
```

ここでも、共通の処理が見えてきます。

①2つのオブジェクトが衝突したかどうか判定する処理
②オブジェクトをプログラムから削除する処理

②は先ほどremoveObject関数で実装しましたので、①をどのような関数にすればよいかを考えましょう。オブジェクト同士の衝突を判定する方法はいくつかありますが、最もシンプルな方法は2つのオブジェクトA、Bを単純な円とみなして、AとBの中心を結ぶ距離Dが半径の合計R1+R2よりも大きければ離れている、小さければ衝突しているとみなす方法です。

衝突判定の考え方

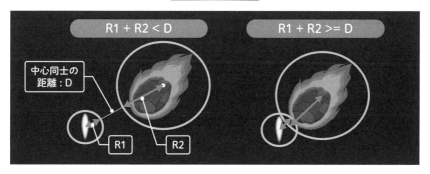

関数名をisColldingとして、util.tsに追加しましょう。

● util.ts

```
/**
 * 衝突判定
 * @param obj1      検査対象のオブジェクト1
 * @param obj2      検査対象のオブジェクト2
 * @param radius      衝突したとみなす距離
 * @returns boolean    true:衝突 /false:非衝突
 */
export const isColliding =
  <T1 extends GameObject, T2 extends GameObject>(obj1: T1, obj2: T2,
radius: number): boolean => {
  const [x1, y1] = [obj1.position.x, obj1.position.y];
  const [x2, y2] = [obj2.position.x, obj2.position.y];
  // オブジェクトの座標の差
  const [dx, dy] = [x1 - x2, y1 - y2];
  // オブジェクト間の距離
  const distance = Math.sqrt(dx * dx + dy * dy);
  // 衝突判定
  return distance <= radius;
};
```

判定の対象は位置（position）プロパティを持つオブジェクトでなければな

りません。そのため、ジェネリクスを使ってGameObjectのサブクラスを引数で受け取るようにします。また、オブジェクトを円とみなした半径（図のR1+R2）は計算では求められないので、引数radiusで呼び出し側から指定することとします。

detectCollisionメソッドは次のように記述できます。

● **game.ts**

```
/**
 * 衝突判定
 */
private detectCollision(): void {
  // 全ての流星を繰り返す
  this._comets.forEach((comet) => {                              ①
    // 自機と流星の衝突判定
    if (Util.isColliding(this._player, comet, 30)) {             ②
      // 流星を削除
      Util.removeObject<Comet>(comet, this._comets);             ③
      // 次のレベルまでに必要なスコアを加算
      const nextScore = Util.getNextScore(this._level);          ④
      this.addScore(nextScore - this._score);
    }
  });
  // 全ての弾を繰り返す
  this._shots.forEach((shot) => {                                ⑤
    // 全ての隕石を調査する
    for (const meteo of this._meteos) {                          ⑥
      // 隕石と弾の衝突判定
      if (Util.isColliding(meteo, shot, 80)) {                   ⑦
        // 命中したらスコアを加算
        this.addScore(100);                                      ⑧
        // 隕石の強度を減らし、破壊したら消去
        if ((meteo.power -= shot.power) <= 0) {                  ⑨
          Util.removeObject<Meteo>(meteo, this._meteos);
        }
```

```
      // 弾を消去
      Util.removeObject<Shot>(shot, this._shots);        ⑩
      // 調査終了
      break;                                              ⑪
    }
   }
  });
}
```

● 自機と流星の衝突

①forEachで_comets配列の要素を全て繰り返します。5秒に1回のペースで出現するので要素数はせいぜい0〜1の範囲になりますが、出現間隔を短くすれば2個以上になる可能性があります。②自機と流星の中心を結ぶ距離が30px以下なら衝突したとみなします。③衝突したら流星を削除して、次のレベルまでに必要なスコアを一気に獲得してレベルアップします。④獲得するスコアは312ページで作成したgetNextScore関数を呼び出して取得し、現在のスコアとの差を加算します。

● 隕石と弾の衝突

⑤forEachで_shots配列の要素を全て繰り返します。⑥ひとつの要素（弾）に対して、全ての隕石との衝突判定を総当たりで行うためにfor ofで_comets配列の要素を全て繰り返します。隕石のループにforEachを使わない理由は、衝突したら残りの隕石との衝突判定を行わずにループを中断するためです。for ofのループはbreak文で中断できますが、forEachにはループを中断する構文が存在しません。

⑦隕石と弾の中心を結ぶ距離が80px以下なら衝突したとみなします。この数値を小さくすると判定が厳しくなり、隕石の中心を狙わないと弾が当たらなくなります。⑧命中したら159ページのルールに沿ってスコアを100加算し、⑨衝突した隕石の強度を弾の強度だけ減らします。隕石の強度が0以下になったら隕石を消滅させます。⑩隕石が消滅したかどうかに関係なく、衝突した弾は削除します。⑪この弾は消滅したので、残りの隕石との衝突判定をスキップするためにbreak文でfor ofループを中断します。

これで衝突判定が実装できました。コンパイルして実行してみましょう。自機を動かして積極的に弾を隕石に当ててみましょう。流星もタイミングがあえば取得してみましょう。レベルが3を超えた頃から弾を2発以上当てないと隕石を破壊できなくなり、当てるたびに隕石の見た目が小さくなっていく様子が確認できます。レベルが5を超えると弾が2発同時に発射されるようになり、弾を当てやすくなります。

もうすぐ完成

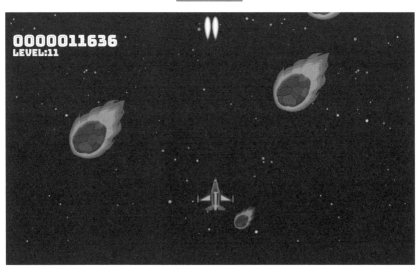

　完成まであと一息です。

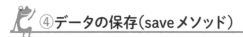

④データの保存（save メソッド）

　保存するデータは「現在のスコア、現在のレベル、弾を生成するインターバル、隕石を生成するインターバル」の4つですが、バラバラに扱うのは非効率です。1つのオブジェクトとして扱えるように type.ts に SaveData という名前の型定義を追加しましょう。

● type.ts

```
/**
 * SaveData型：保存データの形式
```

```
*/
export type SaveData = {
 level: number; // レベルの値
 score: number; // スコアの値
 shotInterval: number; // 弾の生成インターバル
 meteoInterval: number; // 隕石の生成インターバル
};
```

game.tsの冒頭にSaveData型のインポートを追加しましょう。

```
import { Point2D, SaveData } from "../utility/type.js";
```

では、saveメソッドを次のように実装しましょう。

● game.ts

```
/**
 * 保存
 */
private save(): void {
  // ゲームの進行状況をオブジェクトに格納                        ①
  const data: SaveData = {
   level: this._level,
   score: this._score,
   shotInterval: this._shotInterval,
   meteoInterval: this._meteoInterval,
  };
  // JSONに変換してストレージに保存
  localStorage.setItem("data", JSON.stringify(data));          ②
}
```

　①まず、Gameオブジェクトが保持している各プロパティの現在値を持っ
たSaveDataオブジェクトを宣言します。
　②次に、Web Storage APIのひとつであるローカルストレージ（localStorage
オブジェクト）のsetItemメソッドを使ってdataをブラウザに保存します。

保存データに割り当てるキーの名前（"data"）は、ストレージ内での変数名のようなものです。ロードする際にも同じキーを使ってデータを読み込みます。

ただし、ローカルストレージに保存できるデータは文字列だけです。dataをそのまま（オブジェクトのまま）保存しようとするとコンパイルエラーになります。

string型以外はエラー

```
355    localStorage.setItem("data", data);
```
⊗ game.ts 16件中1件の問題

型 'SaveData' の引数を型 'string' のパラメーターに割り当てることはできません。

そこで、JSON.stringify メソッドでオブジェクトをJSON形式の文字列に変換したものを使います。JSON.stringify(data)の戻り値は次のような形をしています。オブジェクトのプロパティを「"キー":値」の形式で表現したこのフォーマットをJSON（JavaScript Object Notation）と呼び、アプリケーション間のデータ連携に広く使われています。

```
{"level":2,"score":295,"shotInterval":998,"meteoInterval":1800}
```

データのロード(loadメソッド)

最後の仕上げです。load メソッドを次のように実装しましょう。

```
/**
 * ロード
 */
private load(): void {
  // 保存データをロード
  const json = localStorage.getItem("data");          ①
  // データの存在チェック
  if (json !== null) {                                ②
    // JSONをオブジェクトに変換
```

```
    const data: SaveData = JSON.parse(json);                    ③
    // 保存データを復元
    this._level = data.level;
    this._score = data.score;
    this._shotInterval = data.shotInterval;
    this._meteoInterval = data.meteoInterval;
    // 表示に反映
    this._scoreBoard.score = this._score;
    this._levelBoard.level = this._level;
  }
}
```

①ローカルストレージに保存したデータは、保存時に指定したキーを使って getItem メソッドで読み込みます。③読み込んだデータは保存したときと同じ JSON 形式の文字列なので、オブジェクト型に変換するために JSON.parse メソッドを通します。

JSON オブジェクトの静的メソッド

メソッド	説明
parse()	文字列を JSON として解析し、JavaScript の値やオブジェクトに変換する。
stringify()	JavaScript のオブジェクトや値を JSON 文字列に変換する。

②ただし、getItem メソッドの戻り値の型は「string | null」なので、このままでは string 型の引数を受け取る JSON.parse メソッドが使えません（コンパイルエラーになります）。そこで、if 文で json が null でないことをチェックします。こうすると、if の条件ブロック内では json が null 型である可能性が排除されるので、JSON.parse メソッドに渡してもコンパイルエラーになりません。このように条件ブロック内でオブジェクトの型を制限する TypeScript の機能を**型ガード**と呼びます。

さあ、実行してみましょう。キーボードで操作してもよいですし、完全放置でも自動的にゲームが進行し、レベルが上がっていきます。ブラウザを閉じてゲームを終了しても、次にゲームを起動すると同じ状態から再開します。

ゲームの完成

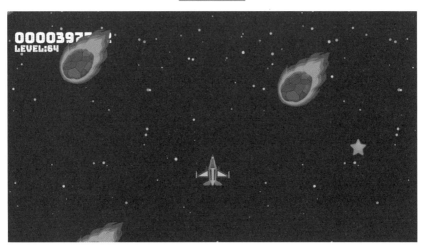

ローカルストレージの使い方

　引数で指定したキーに対して、setItemでデータの保存、getItemで読み込み（取り出し）、removeItemで削除を行います。clearは全てのデータをまとめて削除します。保存するデータは文字列でなければならないので、数値ならばtoStringメソッド、オブジェクトならばJSON.stringifyメソッドなどを使ってstring型に変換する必要があります。

```
// 保存するデータ
const data = 999;
// データを保存 (セーブ)
localStorage.setItem("key", data.toString());
// データを取得 (ロード)
localStorage.getItem("key");
// データを削除
localStorage.removeItem("key");
// データを削除 (全て)
localStorage.clear();
```

　最後まで完成できたでしょうか？　モジュールの分け方やクラスの扱いに慣れてきたら、アプリケーションの改良に取り組んでみましょう。改良の案とヒントを記載しますので、ぜひ挑戦してみてください。

＜改良案＞

　①自機に燃料プロパティを追加して、時間の経過とともに少しずつ減少していく。隕石と接触すると燃料が大きく減少する。燃料がゼロになると自機の移動速度が半減して弾が出なくなる。

　②一定時間ごとに画面の上から燃料パックが出現し、自機が接触すると燃料が一定量だけ回復する。

　③燃料の残量を画面の右上に「現在値／最大値」の書式で表示する。

＜ヒント＞

　・弾と隕石の衝突判定と同じように、自機と隕石の衝突判定を追加する。

　・自機の速度と燃料の初期値をプロパティに保持しておく。

　・流星と同じように燃料パックの出現処理をタイマーで管理する。

　・燃料の残量を表示するオブジェクトを追加する。

できそうな気がする!

おわりに

　本書を最後までお読みいただき、ありがとうございます。TypeScript
はゲーム開発に特化した言語ではありませんが、あえて親しみやすい
ゲームを題材としました。いきなり複雑で高度な Web 開発向けのプログ
ラミングを学び始めると、多くの初心者は挫折します。なぜなら、断片
的な知識（文法やサンプルコード）だけでは、プログラムをモジュールに
分割したアプリケーションを組み立てることが難しいからです。

　プログラミングの本質は文法ではなく「組み立てる力」です。設計スキ
ルと言い換えてもよいでしょう。本書では Chapter06 が設計工程に該当
します。これは書籍やウェブの記事を読んだだけで身につくものではな
く、実際にコードを書いて悩んで調べて…といった反復学習が必要です。
本書での体験はその一歩とお考えください。

　実用のアプリケーション開発に TypeScript を活用できるためには、中
級者向けの書籍やウェブの解説サイトなどで知識を補い経験を重ねたり、
本書のゲームを改良してみるのもよいでしょう。

　本書を終えたあなたに『好きこそものの上手なれ』という言葉を送りま
す。同じことを学ぶにしても、自分が興味を持てそうなことを題材にし
て楽しんだほうが早く確実に上達します。楽しさを感じながらする努力
には全く苦痛を感じません。筆者も、本書の執筆にあたり、ゲームの仕
様を考えたりプログラムの設計を練ることを存分に楽しみました。プロ
グラミングの難しい側面だけを見るのではなく、楽しめるレベルから取
り組んでいきましょう。

　本書で得た知識と経験が、より実践的なプログラミング学習に進む
きっかけになることを願っています。

中田　亨
2023年10月

索 引

著者略歴

中田　亨（なかた　とおる）

　1976年兵庫県生まれ 神戸電子専門学校／大阪大学理学部卒業。ソフトウェア開発会社で約10年間、システムエンジニアとしてWebシステムを中心とした開発・運用保守に従事。独立後、マンツーマンでウェブサイト制作とプログラミングが学べるオンラインレッスンCODEMY（コーデミー）の運営を開始。初心者から現役Webデザイナーまで、幅広く教えている。著書に「WordPressのツボとコツがゼッタイにわかる本［第2版］」「Vue.jsのツボとコツがゼッタイにわかる本［第2版］」「図解！　TypeScriptのツボとコツがゼッタイにわかる本"超"入門編」「図解！　HTML&CSSのツボとコツがゼッタイにわかる本」（いずれも秀和システム）などがある。

レッスンサイト　https://codemy-lesson.office-ing.net/

カバーイラスト　mammoth.

図解！　TypeScriptの
ツボとコツがゼッタイにわかる本
プログラミング実践編

発行日	2023年 10月 16日	第1版第1刷

著　者　中田　亨

発行者　斉藤　和邦
発行所　株式会社　秀和システム
　　　　〒135-0016
　　　　東京都江東区東陽2-4-2　新宮ビル2F
　　　　Tel 03-6264-3105（販売）　　Fax 03-6264-3094
印刷所　三松堂印刷株式会社　　　　Printed in Japan

ISBN978-4-7980-6780-3 C3055